本書で学習する内容

本書では、1つのWebサイトで使われる様々なパーツをデザインし、Webサイトを改善していく実習を行います。HTMLとCSSを組み合わせて実現できる多様な表現が身に付きます。

ユーザーにとって使いやすい Webサイトに改善しよう！

プルダウンメニューを作成しよう

幅を変えても高さが変わらない メインビジュアルを作成しよう

ボタンを押すと メニューが右から出てくる！

ハンバーガーメニューを作成しよう

ボタンを押したような表現に変わる！

画像を活用した
ボタンを作成しよう

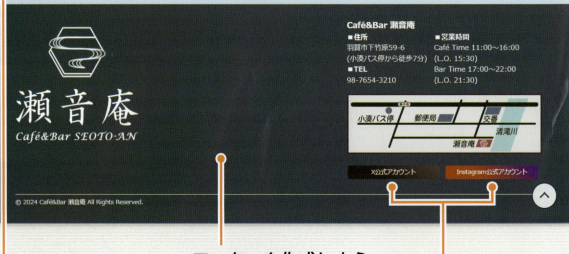

フッターを作成しよう

カード型デザインを作成しよう

ソーシャルメディアボタンを
作成しよう

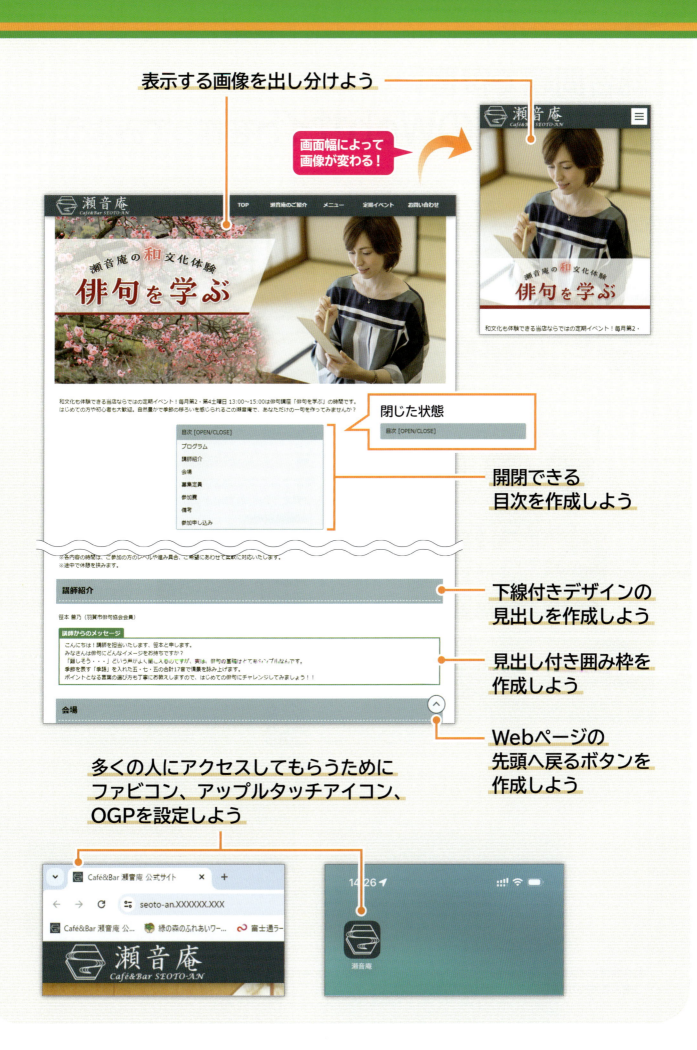

総合問題で復習!
別デザインのWebサイトを作ってみよう!

総合問題と総合問題の標準解答は、ご購入者特典として、PDFファイルをFOM出版のホームページで提供しています。
ご購入者特典のご利用方法は、表紙裏の記載をご確認ください。

はじめに

多くの書籍の中から「よくわかる　HTML&CSSコーディング　ユーザーにやさしいWebデザインテクニック HTML Living Standard準拠」を手に取っていただき、ありがとうございます。

Webサイトの構築は、企画・設計、作成だけではありません。その後の運用、改善のフェーズをサイクルとして繰り返し行っていくことが重要です。

本書は、「よくわかる　はじめてのHTML&CSSコーディング　HTML Living Standard準拠」（FPT2318）でWebサイト構築の基礎を学習した方を対象に、よりよいWebサイトへ改善していく方法をご紹介しています。メインビジュアル、ナビゲーションメニュー、フッター、目次などWebページのパーツごとに、ユーザーにとってより使いやすく、より情報が伝わる一歩進んだ見せ方を学習できます。また、どうすればより多くのユーザーにWebサイトにアクセスしてもらえるかといった視点での工夫も学べます。

Webページの各パーツは、デザインによってユーザーに与える印象が大きく変わります。ご購入者特典の**「総合問題」**では、本編とは異なるデザインのWebサイトを作って学習した内容を復習できるほか、**「Webデザインパターン集」**のコードは、実際にWebサイトの作成や改善をするときに役立てていただけます。

本書は、根強い人気の**「よくわかる」**シリーズの開発チームが、積み重ねてきたノウハウをもとに作成しており、講習会や授業の教材としてご利用いただくほか、自己学習の教材としても最適です。

本書を学習することで、HTMLとCSSの知識を深め、幅広く活用していただければ幸いです。

本書を購入される前に必ずご一読ください
本書に記載されている操作方法は、2024年7月現在の次の環境で動作確認しております。
・Windows 11（バージョン23H2　ビルド22635.3720）
・Google Chrome（バージョン126.0.6478.127）

本書発行後のWindowsやブラウザーのアップデートによって機能が更新された場合には、本書の記載のとおりに操作できなくなる可能性があります。あらかじめご了承のうえ、ご購入・ご利用ください。

2024年9月11日
FOM出版

◆Microsoft、Windowsは、マイクロソフトグループの企業の商標です。
◆iPadOS、Safariは、米国およびその他の国で登録されたApple Inc.の商標です。
◆Google Chromeは、Google LLCの商標または登録商標です。
◆QRコードは、株式会社デンソーウェーブの登録商標です。
◆その他、記載されている会社および製品などの名称は、各社の登録商標または商標です。
◆本文中では、TMや®は省略しています。
◆本文中のスクリーンショットは、マイクロソフトの許諾を得て使用しています。
◆本文およびデータファイルで題材として使用している個人名、団体名、商品名、ロゴ、連絡先、メールアドレス、場所、出来事などは、すべて架空のものです。実在するものとは一切関係ありません。
◆本書に掲載されているホームページやサービスは、2024年7月現在のもので、予告なく変更される可能性があります。

目次

■ **本書をご利用いただく前に** ………………………………………………………… 1

■ **第1章　よりよいWebサイトをめざして** ……………………………………… 6

STEP1　Webサイトを見直す ……………………………………………………… 7
- ● 1　Webサイト構築のサイクル ………………………………………………… 7
- ● 2　Webサイトの改善 …………………………………………………………… 7

STEP2　改善方針を確認する ……………………………………………………… 8
- ● 1　Webサイトの改善方針の検討 ……………………………………………… 8
- ● 2　使いやすさの向上 …………………………………………………………… 8
- ● 3　伝えたい情報の伝達 ………………………………………………………… 9
- ● 4　ユーザーにアクセスしてもらうための工夫 ……………………………… 9

■ **第2章　Webページの要素のレイアウト** ………………………………… 10

STEP1　フレックスボックスレイアウトとは ……………………………………… 11
- ● 1　フレックスボックスレイアウトの特徴 …………………………………… 11
- ● 2　フレックスボックスレイアウトの構造 …………………………………… 12

STEP2　フレックスボックスレイアウトを使って配置する ………………… 13
- ● 1　HTMLファイルの確認 ……………………………………………………… 13
- ● 2　フレックスボックスレイアウトの設定 …………………………………… 14
- ● 3　アイテムの配置方向の設定 ………………………………………………… 15
- ● 4　コンテナ内の配置の設定（横方向の配置） ……………………………… 17
- ● 5　コンテナ内の配置の設定（縦方向の揃え方） …………………………… 19
- ● 6　アイテムの基本幅の設定 …………………………………………………… 21
- ● 7　アイテムの折り返しの設定 ………………………………………………… 22

i

■第3章　Webページの要素の変形と変化 ……………………………… 24

STEP1　要素を変形させる …………………………………………… 25
- ●1　トランスフォームとは ………………………………………… 25
- ●2　HTMLファイルの確認 ………………………………………… 26
- ●3　要素の移動 ……………………………………………………… 27
- ●4　要素の回転 ……………………………………………………… 28
- ●5　要素のサイズ変更 ……………………………………………… 29
- ●6　要素の形をゆがませる ………………………………………… 30

STEP2　要素の変化を設定する ……………………………………… 31
- ●1　トランジションとは …………………………………………… 31
- ●2　HTMLファイルとCSSファイルの確認 ……………………… 32
- ●3　変化にかかる時間の設定 ……………………………………… 33
- ●4　変化の開始時間の設定 ………………………………………… 35
- ●5　変化の速度の設定 ……………………………………………… 36

STEP3　トランスフォームとトランジションを組み合わせる ……… 37
- ●1　トランスフォームとトランジションの組み合わせ ………… 37

■第4章　画面幅に適したメインビジュアルの設定 ……………………… 38

STEP1　編集するWebサイトを確認する …………………………… 39
- ●1　編集するWebサイトの概要 …………………………………… 39

STEP2　編集するWebページを確認する …………………………… 41
- ●1　編集するWebページの確認 …………………………………… 41

STEP3　高さが変わらない画像を配置する ………………………… 43
- ●1　画面幅と画像サイズ …………………………………………… 43
- ●2　高さが変わらない画像の配置 ………………………………… 44
- ●3　見出しの設定 …………………………………………………… 45
- ●4　見出しのスタイルの設定 ……………………………………… 46
- ●5　背景画像の配置 ………………………………………………… 47
- ●6　要素の最大幅の設定 …………………………………………… 49

STEP4　画面幅によって表示画像を切り替える …………………… 51
- ●1　画面幅と画像サイズ …………………………………………… 51
- ●2　picture要素の追加 …………………………………………… 52

ii

■第5章　画像を活用したボタンの作成 ……………………………………… 54

STEP1　編集するWebページを確認する ……………………………… 55
● 1　編集するWebページの確認 ………………………………………… 55

STEP2　画像にボタンのような効果を付ける ………………………… 56
● 1　リンクの設定がわかる画像の表現 ………………………………… 56
● 2　画像の配置 …………………………………………………………… 56
● 3　画像のスタイルの設定 ……………………………………………… 59
● 4　マウスでポイントしたときの表示の設定 ………………………… 60
● 5　トランジションの設定 ……………………………………………… 62

STEP3　レスポンシブWebデザインに対応させる ………………… 63
● 1　狭い画面幅への対応 ………………………………………………… 63
● 2　中程度の画面幅への対応 …………………………………………… 64

参考学習　画像に様々なグラフィック効果を付ける ………………… 65
● 1　画像のグラフィック効果の設定 …………………………………… 65

■第6章　カード型デザインの作成 ………………………………………… 70

STEP1　編集するWebページを確認する ……………………………… 71
● 1　編集するWebページの確認 ………………………………………… 71

STEP2　カードを作成する ……………………………………………… 72
● 1　カード型デザインの特徴 …………………………………………… 72
● 2　フレックスボックスレイアウトの設定 …………………………… 72
● 3　カードの作成 ………………………………………………………… 75
● 4　カードの基本幅の計算 ……………………………………………… 77
● 5　オーバーフロー時の動作の設定 …………………………………… 78
● 6　文字列があふれたときの動作の設定 ……………………………… 80
● 7　画像のはめ込み ……………………………………………………… 82
● 8　マウスでポイントしたときの動作の設定 ………………………… 84
● 9　お知らせの背景の設定 ……………………………………………… 85
● 10　お知らせリストの削除 ……………………………………………… 86

STEP3　レスポンシブWebデザインに対応させる ………………… 88
● 1　狭い画面幅への対応 ………………………………………………… 88

■第7章　ナビゲーションメニューの作成 ……………………………………… 92

STEP1　編集するWebページを確認する ……………………………… 93
●1　編集するWebページの確認 ……………………………………… 93

STEP2　セレクタの結合子を記述する ………………………………… 94
●1　セレクタの結合子 …………………………………………………… 94

STEP3　プルダウンメニューを作成する ……………………………… 97
●1　プルダウンメニューの概要 ……………………………………… 97
●2　子メニューの追加 …………………………………………………… 98
●3　スタイルの適用対象の変更 ……………………………………… 100
●4　子メニューのスタイルの作成 …………………………………… 101
●5　マウスでポイントしたときの表示の設定 …………………… 102

STEP4　ハンバーガーメニューを作成する …………………………… 103
●1　ハンバーガーメニューの概要 …………………………………… 103
●2　ハンバーガーメニューの構成 …………………………………… 103
●3　ハンバーガーメニューを作成する手順 ……………………… 104
●4　ボタンの作成 ………………………………………………………… 105
●5　ナビゲーションメニューの設定 ………………………………… 114

STEP5　ヘッダーを固定する …………………………………………… 122
●1　ヘッダーの固定 ……………………………………………………… 122
●2　コンテンツの開始位置の調整 …………………………………… 123

■第8章　フッターの作成 ………………………………………………… 124

STEP1　編集するWebページを確認する ……………………………… 125
●1　編集するWebページの確認 ……………………………………… 125

STEP2　フッターの構成を作成する …………………………………… 126
●1　フッターの概要 ……………………………………………………… 126
●2　フッターの構成 ……………………………………………………… 126

STEP3　フッターのレイアウトを設定する …………………………… 129
●1　フレックスボックスレイアウトの設定 ……………………… 129
●2　電話番号の自動認識対策 ………………………………………… 132

STEP4　レスポンシブWebデザインに対応させる ………………… 134
●1　狭い画面幅への対応 ……………………………………………… 134

iv

■第9章　見出しデザインの作成 ········· 136

STEP1　編集するWebページを確認する············· 137
- ●1　編集するWebページの確認 ··········· 137

STEP2　下線付きデザインの見出しを作成する············ 138
- ●1　見出しの役割 ············· 138
- ●2　見出しの作成 ············· 138

STEP3　見出し付き囲み枠を作成する············· 142
- ●1　見出し付き囲み枠の概要 ········· 142
- ●2　見出し要素の作成 ··········· 143
- ●3　見出しのデザインの設定 ········· 144
- ●4　見出しの表示位置の設定 ········· 145

■第10章　開閉できる目次の作成 ········· 146

STEP1　編集するWebページを確認する············· 147
- ●1　編集するWebページの確認 ··········· 147

STEP2　目次の開閉の仕組みを作成する············· 148
- ●1　開閉できる目次の特徴 ··········· 148
- ●2　開閉できる目次の作成 ··········· 148
- ●3　目次を閉じる動作の設定 ········· 153

STEP3　目次のレイアウトを設定する············· 154
- ●1　目次全体のレイアウト ··········· 154
- ●2　タイトルのレイアウト ··········· 155
- ●3　目次項目のレイアウト ··········· 156

STEP4　ページ内リンクの動作を調整する············· 159
- ●1　リンク先の表示位置の調整 ········· 159
- ●2　スクロールの動作の設定 ········· 161

■第11章 Webページの先頭へ戻るボタンの作成 ·························· 162

STEP1 編集するWebページを確認する ·························· 163
- ●1 編集するWebページの確認 ·························· 163

STEP2 ボタンを作成する ·························· 164
- ●1 Webページの先頭へ戻るボタン ·························· 164
- ●2 ボタンの作成 ·························· 164
- ●3 ボタンの外枠のデザインの設定 ·························· 166
- ●4 ボタンの配置と重なり順の設定 ·························· 167
- ●5 ボタンのマークの作成 ·························· 168
- ●6 マウスでポイントしたときの表示の設定 ·························· 171

■第12章 アクセス数向上を意識した設定 ·························· 172

STEP1 設定する内容を確認する ·························· 173
- ●1 設定する内容の確認 ·························· 173

STEP2 ファビコンとアップルタッチアイコンを設定する ·························· 174
- ●1 ファビコンの概要 ·························· 174
- ●2 ファビコンの設定 ·························· 174
- ●3 アップルタッチアイコンの概要 ·························· 175
- ●4 アップルタッチアイコンの設定 ·························· 176

STEP3 ソーシャルメディアボタンを設定する ·························· 177
- ●1 Webサイトとソーシャルメディアの連携 ·························· 177
- ●2 ソーシャルメディアボタンの作成 ·························· 177
- ●3 マウスでポイントしたときの表示の設定 ·························· 181

STEP4 OGPを設定する ·························· 184
- ●1 OGPの概要 ·························· 184
- ●2 OGPの宣言 ·························· 185
- ●3 OGPの設定 ·························· 185

■索引 ·························· 188

本書をご利用いただく前に

本書で学習を進める前に、ご一読ください。

1 本書の記述について

操作の説明のために使用している記号には、次のような意味があります。

記述	意味	例
「　」	重要な語句や機能名、画面の表示、入力する文字などを示します。	「displayプロパティ」を使います。 「reset.css」は、リセットCSSです。

 》 学習の前に開くファイル

 知っておくべき重要な内容

 知っていると便利な内容

※ 補足的な内容や注意すべき内容

 次に進む前に必ず操作しよう　省略すると、次の操作が正しくできないので、必ず実習する内容

 操作手順　「次に進む前に必ず操作しよう」の操作手順

2 製品名の記載について

本書では、次の名称を使用しています。

正式名称	本書で使用している名称
Windows 11	Windows 11 または Windows

3 学習環境について

本書を学習するには、次のアプリが必要です。
また、インターネットに接続できる環境で学習することを前提にしています。

●コーディングソフト
●ブラウザー

※コーディングソフトは、メモ帳などの任意のテキストエディターをご利用いただけます。

◆本書の開発環境

本書を開発した環境は、次のとおりです。

OS	Windows 11 Pro（バージョン23H2　ビルド22635.3720）
コーディングソフト	Adobe Dreamweaver（21.4　ビルド15620）
ブラウザー	Google Chrome（バージョン126.0.6478.127）
ディスプレイの解像度	1280×768ピクセル
その他	・WindowsにMicrosoftアカウントでサインインし、インターネットに接続した状態 ・OneDriveと同期していない状態

※本書は、2024年7月現在のWindows、Google Chromeに基づいて解説しています。今後のアップデートによって機能が更新された場合には、本書の記載のとおりに操作できなくなる可能性があります。

4　学習時の注意事項について

お使いの環境によっては、次のような内容について本書の記載と異なる場合があります。
ご確認のうえ、学習を進めてください。

◆拡張子の表示

Webページを作成する場合は、様々な形式のファイルを扱うので、拡張子を表示しておくと安心です。本書では、拡張子を表示した状態で操作しています。
ファイルの拡張子を表示する方法は、次のとおりです。

①タスクバーの ■ （エクスプローラー）をクリックします。
② 表示 （レイアウトとビューのオプション）をクリックします。
③《表示》をポイントします。
④《ファイル名拡張子》をクリックしてオンにします。

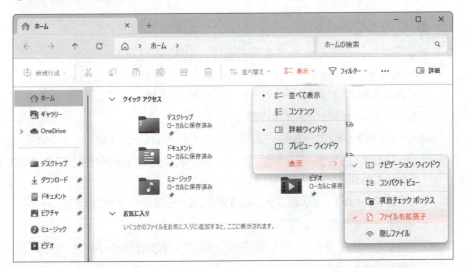

◆アップデートに伴う注意事項

Windowsやブラウザーは、アップデートによって不具合が修正され、機能が向上する仕様となっています。そのため、アップデート後にボタンなどの名称や位置が変更される場合があります。
本書に記載されているボタンなどの名称が表示されない場合は、掲載画面の色が付いている位置を参考に操作してください。

※本書の最新情報については、P.5に記載されているFOM出版のホームページにアクセスして確認してください。

POINT **お使いの環境のバージョン・ビルド番号を確認する**

Windowsやブラウザーはアップデートにより、バージョンやビルド番号が変わります。
お使いの環境のバージョン・ビルド番号を確認する方法は、次のとおりです。

Windows 11

◆ ■ (スタート) →《設定》→《システム》→《バージョン情報》

Google Chrome

◆ ⋮ (Google Chromeの設定) →《ヘルプ》→《Google Chromeについて》

5 学習ファイルのご提供について

本書とご購入者特典の総合問題で使用する学習ファイルは、FOM出版のホームページで提供しています。

ホームページアドレス

https://www.fom.fujitsu.com/goods/

※アドレスを入力するとき、間違いがないか確認してください。

ホームページ検索用キーワード

FOM出版

1 学習ファイル

学習ファイルはダウンロードしてご利用ください。

◆ダウンロード

学習ファイルをダウンロードする方法は、次のとおりです。

①ブラウザーを起動し、FOM出版のホームページを表示します。
※アドレスを直接入力するか、キーワードでホームページを検索します。

②《ダウンロード》をクリックします。

③《インターネット/ホームページ/SNS》の《ホームページ作成》をクリックします。

④《HTML&CSSコーディング ユーザーにやさしいWebデザインテクニック HTML Living Standard準拠 FPT2403》をクリックします。

⑤《学習ファイル》の《学習ファイルのダウンロード》をクリックします。

⑥本書に関する質問に回答します。

⑦学習ファイルの利用に関する説明を確認し、《OK》をクリックします。

⑧《学習ファイル》の「fpt2403.zip」をクリックします。

⑨ダウンロードが完了したら、ブラウザーを終了します。
※ダウンロードしたファイルは、パソコン内のフォルダー「ダウンロード」に保存されます。

◆ダウンロードしたファイルの解凍

ダウンロードしたファイルは圧縮されているので、解凍（展開）します。

ダウンロードしたファイル「fpt2403.zip」を《ドキュメント》に解凍する方法は、次のとおりです。

①デスクトップ画面を表示します。

②タスクバーの ■ (エクスプローラー) をクリックします。

③左側の一覧から《ダウンロード》をクリックします。
④ファイル「fpt2403.zip」を右クリックします。
⑤《すべて展開》をクリックします。
⑥《参照》をクリックします。
⑦左側の一覧から《ドキュメント》をクリックします。
⑧《フォルダーの選択》をクリックします。
⑨《ファイルを下のフォルダーに展開する》が「C:¥Users¥（ユーザー名）¥Documents」に変更されます。
⑩《完了時に展開されたファイルを表示する》を☑にします。
⑪《展開》をクリックします。
⑫ファイルが解凍され、《ドキュメント》が開かれます。
⑬フォルダー「HTML&CSSコーディング ユーザーにやさしいWebデザインテクニック」が表示されていることを確認します。
※すべてのウィンドウを閉じておきましょう。

◆学習ファイルの一覧

フォルダー「HTML&CSSコーディング ユーザーにやさしいWebデザインテクニック」には、学習ファイルが入っています。タスクバーの■（エクスプローラー）→《ドキュメント》をクリックし、一覧からフォルダーを開いて確認してください。

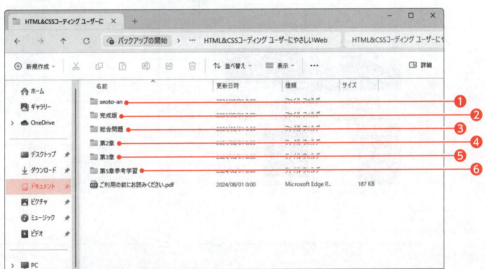

❶フォルダー「seoto-an」
「第4章」から「第12章」で使用するファイルが収録されています。

❷フォルダー「完成版」
「第2章」から「第12章」、「総合問題」の完成ファイルが収録されています。

❸フォルダー「総合問題」
ご購入者特典の「総合問題」で使用するファイルが収録されています。

❹フォルダー「第2章」
「第2章」で使用するファイルが収録されています。

❺フォルダー「第3章」
「第3章」で使用するファイルが収録されています。

❻フォルダー「第5章参考学習」
「第5章」の参考学習で使用するファイルが収録されています。

※ご利用の前に、フォルダー内の「ご利用の前にお読みください.pdf」をご確認ください。

◆学習ファイルの場所

本書では、学習ファイルの場所を《ドキュメント》内のフォルダー「HTML&CSSコーディング ユーザーにやさしいWebデザインテクニック」としています。《ドキュメント》以外の場所にコピーした場合は、フォルダーを読み替えてください。

6 総合問題・総合問題の標準解答のご提供について

総合問題と、総合問題の標準的な操作手順を記載した解答を、ご購入者特典としてFOM出版のホームページで提供しています。各ファイルは、スマートフォンやタブレットで表示したり、パソコンでコーディングの画面と並べて表示したりするなど、自分にあったスタイルでご利用ください。

ご購入者特典のご利用方法は、表紙裏の記載をご確認ください。

● 総合問題

● 総合問題の標準解答

7 本書の最新情報について

本書に関する最新のQ&A情報や訂正情報、重要なお知らせなどについては、FOM出版のホームページでご確認ください。

ホームページアドレス

https://www.fom.fujitsu.com/goods/

※アドレスを入力するとき、間違いがないか確認してください。

ホームページ検索用キーワード

FOM出版

第1章

よりよいWebサイトをめざして

| STEP 1 | Webサイトを見直す | 7 |
| STEP 2 | 改善方針を確認する | 8 |

STEP 1 Webサイトを見直す

1 Webサイト構築のサイクル

Webサイトの構築は、企画・設計、作成だけではありません。Webサイトを作成したあとの運用、改善のフェーズをサイクルとして繰り返し行っていくことが重要です。
「Webサイトの運用」は、Webサイトを完成させインターネット上にアップロードしたあと、日々新しい情報を掲載したり、古い内容を修正したりする更新作業のことをいいます。Webサイトの情報を最新に保つため、継続して運用することは公開後に最も重要な作業の1つです。さらに、日々の運用だけでなく、Webサイト全体を見直す**「Webサイトの改善」**も重要です。改善した内容を反映し、しばらく運用して改善効果を確認し、さらに次の改善を行うサイクルを作ることが、よりよいWebサイトを作るポイントです。

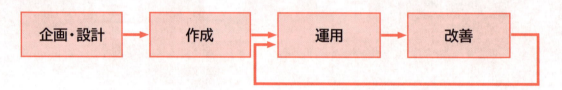

2 Webサイトの改善

Webサイトの改善は、Webサイトを企画した当初の目的や想定と現在の状況が合致しているか、という視点で行います。例えば、想定したとおりにユーザーがWebページ間を遷移しているか、見て欲しい情報を想定した数のユーザーが閲覧しているか、そもそもWebサイト自体にターゲットとなるユーザーがアクセスしているか、などが挙げられます。

> **POINT アクセス解析ツール**
>
> Webサイトを改善するにあたって、ユーザーに使い勝手についてのヒアリングを行うほか、Webサイトに「アクセス解析ツール」を導入して情報を収集する方法があります。アクセス解析ツールを使うと、手軽にWebサイトの閲覧状況を把握できます。把握した情報を分析することで、改善方針の判断材料になります。
> アクセス解析ツールの中で、特に利用者が多いものが「Googleアナリティクス」です。Googleアナリティクスは、Googleが提供するアクセス解析ツールで、Webサイトの訪問者数や各Webページの表示回数、ユーザーがどのWebサイトから訪問したか、Webサイト内をどのように移動したか、どのような閲覧環境で表示したかなど、多様な情報を取得できます。

> **STEP UP Webサイトのデザインの変化**
>
> Webサイトを閲覧するユーザーや閲覧するデバイスの多様化が進み、それに応じてWebサイトのデザインも変化しています。Webサイトを企画した頃と現在では、Webサイトのデザインのトレンドが変わっている可能性があります。Webサイトの改善を行う際には、ほかのWebサイトを見て研究したり、トレンドを調査したりしておくとよいでしょう。

STEP 2 改善方針を確認する

1 Webサイトの改善方針の検討

Webサイトを見直す場合、まずはどのような方針でWebサイトを改善するかを決定しましょう。改善方針としてよく検討されているものは、次の3つです。

| 誰もが使いやすい
Webサイトにしたい | 伝えたい情報を
ターゲットに届けたい | より多くの人にWebサイトに
アクセスしてもらいたい |

2 使いやすさの向上

Webサイトは、閲覧するユーザーのことを考えた、ユーザーにやさしい設計やデザインになっていることが重要です。ユーザーによってWebサイトの閲覧環境やWebサイトの操作への習熟度は異なります。どんな人がどんな環境で見てもわかりやすく、操作しやすいことが大切です。次のような内容を確認しましょう。

- 閲覧環境に適したデザインか
- 情報の分類が明確か
- 直感的に意図する操作ができるか

本書では、スマートフォンやタブレットなどのスマートデバイスでの表示に適したナビゲーションメニューの作成、閲覧するブラウザーの幅によって画像が切り替わるメインビジュアルの作成、視認性の高い見出しの作成、ページの先頭へ戻るボタンの作成などを学習します。

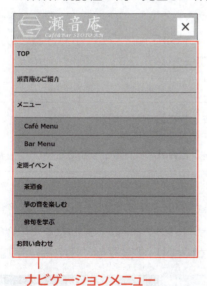
ナビゲーションメニュー

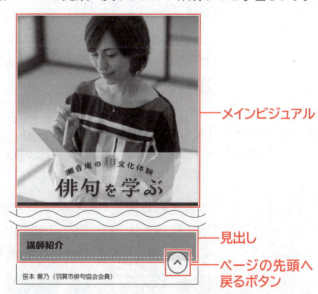
メインビジュアル
見出し
ページの先頭へ戻るボタン

STEP UP ユーザビリティとアクセシビリティ

使いやすさのことを「ユーザビリティ」といい、どこに何があるのかわかりやすく、操作に迷うことのないデザインが適用されていれば、ユーザビリティが高い状態であるといえます。
もう1つの観点として、「アクセシビリティ」が高い状態にしておくことも重要です。高齢者や障がい者などを含むすべての人が使えるように、画像に代替テキストを付けて音声ブラウザーで正しく読み上げられるようにしたり、背景と文字色のコントラストを強くして文字を見やすくしたりするなどの配慮を行います。

3 伝えたい情報の伝達

Webサイトには単純に情報を並べればよいのではなく、運営側が意図して伝えたい情報がターゲットとなるユーザーにしっかりと伝わっていることが重要です。そのためには、情報の内容や重要度に応じて見せ方を変えることが大切です。また、情報を伝える手段は文字だけではありません。画像や動画など、適切な手段でユーザーに確実に情報が届くように工夫しましょう。

次のような内容を確認しましょう。

- 情報の掲載位置が適切か
- 情報伝達の手段が適切か
- 閲覧させたいページやコンテンツをすぐに表示できるか

本書では、下層のページへアクセスしやすいナビゲーションメニューの作成、カード型デザインのお知らせの作成、コンテンツが充実したフッターの作成、開閉できる目次の作成などを学習します。

カード型デザイン

フッター

4 ユーザーにアクセスしてもらうための工夫

どれだけユーザーにやさしいデザインやターゲットに刺さるコンテンツを作ったとしても、ユーザーがWebサイトにアクセスしないと情報を届けることができません。より多くのユーザーがWebサイトにアクセスするための工夫が必要です。

次のような内容を確認しましょう。

- 検索エンジンやブックマークに表示されたときの設定が適切か
- ソーシャルメディアでURLを投稿したときの設定が適切か
- ユーザーが必要に応じてソーシャルメディアとWebサイト間を移動できるか

本書では、検索エンジンの検索結果画面やブックマークなどに表示されるアイコン「**ファビコン**」やソーシャルメディアボタンの設置、ソーシャルメディアに投稿したときにWebページの情報を表示させる「OGP（Open Graph Protocol）」の設定などを学習します。

ファビコン

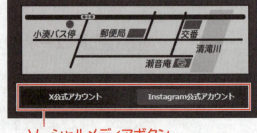

ソーシャルメディアボタン

第2章

Webページの要素の
レイアウト

STEP 1 フレックスボックスレイアウトとは……………………………11
STEP 2 フレックスボックスレイアウトを使って配置する……………13

STEP 1 フレックスボックスレイアウトとは

本書では、第4章以降で実際のWebサイトの改善を行います。その前に、第2章・第3章ではWebページのレイアウトでよく使われる手法について学習します。
第2章では、Webページの要素のレイアウト方法の1つである「フレックスボックスレイアウト」を学習します。

1 フレックスボックスレイアウトの特徴

「**フレックスボックスレイアウト**」は、Webページ内の要素を横方向または縦方向に並べるときに使うレイアウト方法です。要素を並べて配置することで、情報が整理され、ユーザーが情報を認識しやすくなる効果が生まれます。
フレックスボックスレイアウトで表示する場合には、「**displayプロパティ**」を使います。
※第4章以降でも、フレックスボックスレイアウトを使ってWebサイトを改善します。

■ displayプロパティ

要素の表示形式を設定します。

> **display：表示形式**

設定できる主な表示形式は、次のとおりです。

表示形式	説明
block	ブロックで表示
inline	インラインで表示（初期値）
inline-block	インラインブロックで表示 ※ブロックとインラインの両方の性質を持った表示形式で、要素を横に並べられる、幅と高さを設定できるなどの特徴があります。
flex	フレックスボックスレイアウトで表示
grid	グリッドレイアウトで表示 ※格子状のマス目の上に要素を配置していくレイアウト方法です。
none	表示しない

例：div要素をフレックスボックスレイアウトで表示
　　div {display: flex;}

POINT 画面幅に応じたレイアウト

フレックスボックスレイアウトは、画面幅によってレイアウトを見やすい表示に変更するときにも活用できます。スマートフォンとパソコンでは画面幅が異なりますが、それぞれの閲覧環境に応じて適切なレイアウトに変えることができます。

2 フレックスボックスレイアウトの構造

フレックスボックスレイアウトは、親要素である**「コンテナ」**（フレックスコンテナ）と子要素である**「アイテム」**（フレックスアイテム）から成り立っています。コンテナに対して、displayプロパティの値をflexに設定すると、子要素がフレックスボックスレイアウトで並びます。

フレックスボックスレイアウトには、軸や方向という概念があり、軸の向きや始点・終点をプロパティで設定できます。

初期値では、水平方向を**「主軸」**といい、コンテナの左端が始点、右端が終点となります。また、垂直方向を**「交差軸」**といい、コンテナの上端が始点、下端が終点となります。

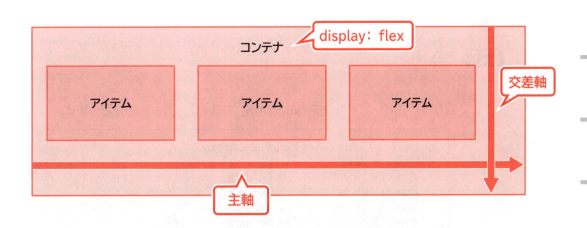

STEP UP フレックスボックスレイアウトとfloatプロパティの違い

フレックスボックスレイアウトと同じように、要素を並べるときに使用するプロパティとして「floatプロパティ」があります。フレックスボックスレイアウトもfloatプロパティも、要素を横方向に並べることができる点で共通しています。シンプルな記述のフレックスボックスレイアウトと比べて、floatプロパティは回り込みの解除をする必要があったり、細かい指定ができなかったりするなど、使い勝手が異なります。

一方で、画像に文字を回り込ませたい場合など、floatプロパティにしかできないレイアウトもあります。レイアウトに合わせて使い分けるようにしましょう。

●リスト項目を横方向に並べる

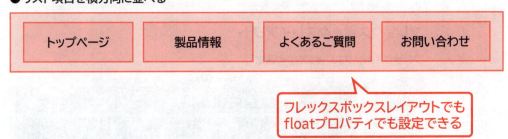

●画像に文字を回り込ませる

STEP 2　フレックスボックスレイアウトを使って配置する

1　HTMLファイルの確認

フレックスボックスレイアウトで実現できる様々なパターンを、CSSファイルを編集して確認しましょう。
まずは、フレックスボックスレイアウトを設定していない状態を、HTMLファイルのコードとブラウザー表示で確認します。

 » フォルダー「第2章」のHTMLファイル「2sho.html」をブラウザーとコーディングソフトで開いておきましょう。

①コーディングソフトで「2sho.html」を表示し、コードを確認します。

```
<h2>フレックスボックスレイアウトの設定</h2>
<div class="flex2">
    <div class="item">アイテム1</div>
    <div class="item">アイテム2</div>
    <div class="item">アイテム3</div>
    <div class="item">アイテム4</div>
</div>
　・
　・
　・
```

※クラス「flex●」が設定された親要素のdiv要素（コンテナ）の中に、クラス「item」が設定された子要素のdiv要素（アイテム）が配置されています。

②ブラウザーで表示して確認します。

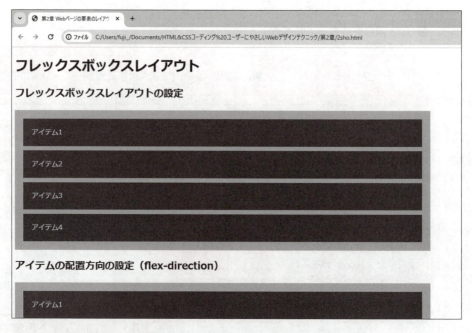

※クラス「item」が設定されたdiv要素（アイテム）が縦方向に並んでいます。
※アイテムの周囲にマージンが設定されているので、アイテム間にはその分の空白ができます。

2 フレックスボックスレイアウトの設定

フレックスボックスレイアウトを設定しましょう。フレックスボックスレイアウトを設定すると、初期値でdiv要素（アイテム）が横方向に並びます。
CSSファイル「**2sho_style.css**」を編集して、**「フレックスボックスレイアウトの設定」**のdiv要素（コンテナ）のクラス**「flex2」**にdisplayプロパティを追加し、表示形式をflexに設定しましょう。

 » CSSファイル「2sho_style.css」をコーディングソフトで開いておきましょう。

①コーディングソフトで「**2sho_style.css**」を表示し、次のように入力します。

```
.flex2 {
    background-color: #ccccff;
    width: 980px;
    padding: 10px;
    display: flex;
}
```

※次の操作のために、上書き保存しておきましょう。

編集結果をブラウザーの表示で確認します。

②ブラウザーで ⟳ （このページを再読み込みします）をクリックして、Webページを再読み込みします。

編集結果が表示されます。

14

3 アイテムの配置方向の設定

コンテナ内のアイテムをどのような方向で並べるかを指定するには、「flex-directionプロパティ」を使います。アイテムを横方向だけでなく縦方向にも配置できます。

■ flex-directionプロパティ

コンテナ内のアイテムの配置方向を設定します。

> flex-direction：配置方向

設定できる主な配置方向は、次のとおりです。

配置方向	説明
row	横方向に配置（初期値）
row-reverse	横方向に配置（逆順）
column	縦方向に配置
column-reverse	縦方向に配置（逆順）

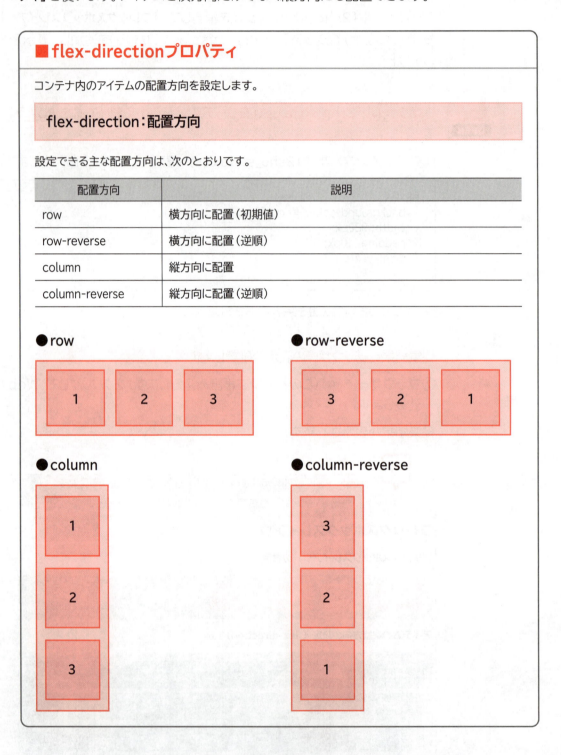

クラス「flex3」が設定されたdiv要素（コンテナ）をフレックスボックスレイアウトにして、アイテムが横方向の逆順に並ぶように配置しましょう。

①コーディングソフトで「2sho_style.css」を表示し、次のように入力します。

```css
.flex3 {
    background-color: #ccccff;
    width: 980px;
    padding: 10px;
    display: flex;
    flex-direction: row-reverse;
}
```

※次の操作のために、上書き保存しておきましょう。

②ブラウザーでWebページを再読み込みして、編集結果を確認します。

※横方向の逆順に配置したため、コンテナ内の右端を先頭としてアイテムが並びます。

STEP UP　アクセシビリティへの配慮

flex-directionの値をrow-reverseやcolumn-reverseに設定した場合、表示されるアイテムの順番と、音声ブラウザーで読み上げられる順番が逆になります。アクセシビリティの観点で問題がないかを確認したうえで、使用するようにしましょう。

4 コンテナ内の配置の設定（横方向の配置）

コンテナ内でアイテムを配置する場合、横方向の配置形式を設定するには、「justify-contentプロパティ」を使います。

■justify-contentプロパティ

コンテナ内のアイテムの横方向の配置形式を設定します。

> justify-content：配置形式

設定できる主な配置形式は、次のとおりです。

配置形式	説明
start	アイテムをコンテナの先頭に寄せて配置
center	アイテムをコンテナの中央に寄せて配置
end	アイテムをコンテナの末尾に寄せて配置
space-between	最初のアイテムはコンテナの先頭に、最後のアイテムは末尾に配置し、その間にその他のアイテムを均等に配置
space-evenly	コンテナ内のすべての空白が均等になるようにアイテムを配置
space-around	各アイテムの周りに均等な空白がある状態で配置

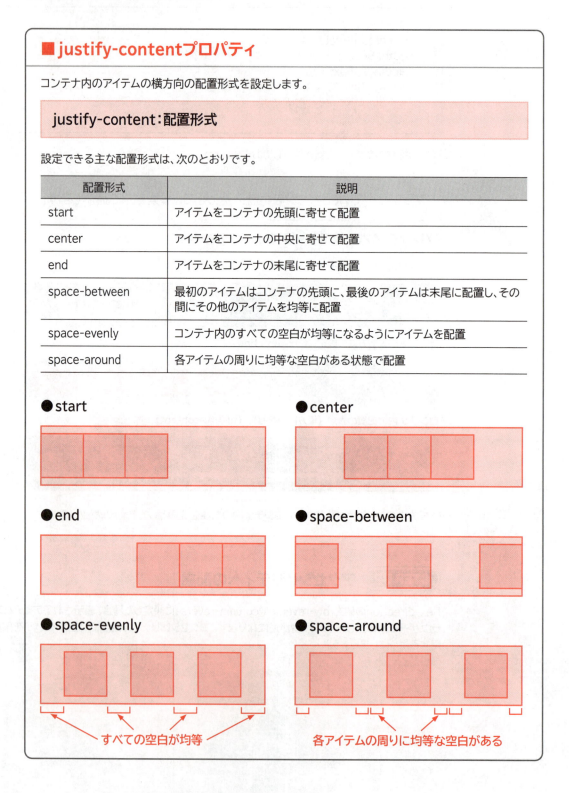

クラス「flex4」が設定されたdiv要素（コンテナ）をフレックスボックスレイアウトにして、アイテムをコンテナの横方向の中央に寄せて配置しましょう。

①コーディングソフトで「**2sho_style.css**」を表示し、次のように入力します。

```
.flex4 {
    background-color: #ccccff;
    width: 980px;
    padding: 10px;
    display: flex;
    justify-content: center;
}
```

※次の操作のために、上書き保存しておきましょう。

②ブラウザーでWebページを再読み込みして、編集結果を確認します。

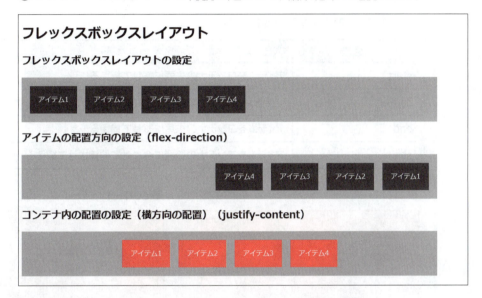

STEP UP　コンテナ内の配置の設定（縦方向の配置）

コンテナ内でアイテムを配置する場合、縦方向の配置形式を設定するには、「align-contentプロパティ」を使います。

■align-contentプロパティ

コンテナ内のアイテムの縦方向の配置形式を設定します。

align-content：配置形式

設定できる主な配置形式は、次のとおりです。

配置形式	説明
start	アイテムをコンテナの先頭に寄せて配置
center	アイテムをコンテナの中央に寄せて配置
end	アイテムをコンテナの末尾に寄せて配置
space-between	最初のアイテムはコンテナの先頭に、最後のアイテムは末尾に配置し、その間にその他のアイテムを均等に配置
space-evenly	コンテナ内のすべての空白が均等になるようにアイテムを配置
space-around	各アイテムの周りに均等な空白がある状態で配置

5 コンテナ内の配置の設定（縦方向の揃え方）

コンテナ内でアイテムを配置する場合、縦方向の揃え方を設定するには、「align-itemsプロパティ」を使います。

■ align-itemsプロパティ

コンテナ内のアイテムの縦方向の揃え方を設定します。

```
align-items：揃え方
```

設定できる主な揃え方は、次のとおりです。

揃え方	説明
start	アイテムをコンテナの先頭に寄せて揃える
center	アイテムをコンテナの中央に寄せて揃える
end	アイテムをコンテナの末尾に寄せて揃える
stretch	アイテムをコンテナの範囲に合わせて伸縮させて揃える

●start

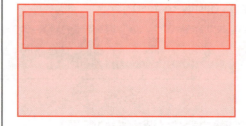

●center

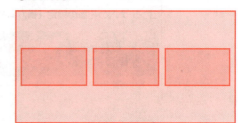

●end

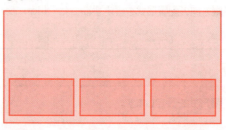

●stretch

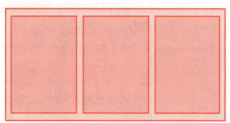

クラス「flex5」が設定されたdiv要素（コンテナ）をフレックスボックスレイアウトにして、アイテムをコンテナの縦方向の中央に寄せて揃えましょう。

①コーディングソフトで「2sho_style.css」を表示し、次のように入力します。

```
.flex5 {
    background-color: #ccccff;
    width: 980px;
    height: 350px;
    padding: 10px;
    display: flex;
    align-items: center;
}
```

※次の操作のために、上書き保存しておきましょう。

②ブラウザーでWebページを再読み込みして、編集結果を確認します。

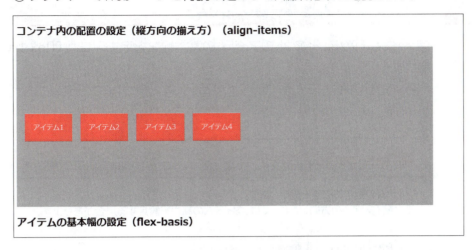

> **POINT** アイテムの間隔の設定
>
> フレックスボックスのコンテナに「gapプロパティ」を設定すると、アイテム同士の間隔の幅と高さを設定できます。

■ gapプロパティ

要素の行や列の間隔を設定します。

gap：間隔の幅・高さ

値を1つ記述した場合は幅と高さの両方をまとめて、値を2つ記述した場合は幅と高さを別々に設定できます。

例：フレックスボックスレイアウトを設定したdiv要素（コンテナ）の中の要素（アイテム）の行列の間隔を25pxに設定
```
div {
    display: flex;
    gap: 25px;
}
```

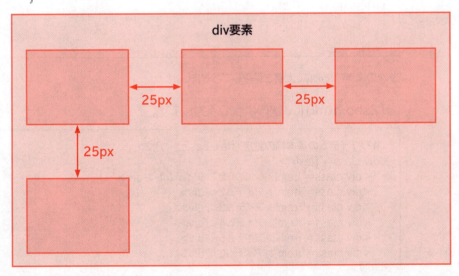

20

6 アイテムの基本幅の設定

フレックスボックスレイアウトのアイテムの基本幅を指定するには、「flex-basisプロパティ」を使います。
flex-basisプロパティは、フレックスボックスレイアウトのアイテムにだけ設定できるプロパティです。

■ flex-basisプロパティ

アイテムの基本的な幅を設定します。
※主軸（文字列の方向）によっては、アイテムの高さを設定する場合があります。

> flex-basis：基本幅

基本幅には、数値+単位または%を設定します。
数値が「0」の場合は、単位を省略できます。

例：div要素（アイテム）の基本幅を30%に設定
  div {flex-basis: 30%;}

クラス「**flex6**」が設定されたdiv要素（コンテナ）をフレックスボックスレイアウトにして、1つ目のアイテム「**アイテム1**」の基本幅を180pxに指定します。
CSSファイル「**2sho_style.css**」を編集して、クラス「**flex6**」にスタイルを設定しましょう。
また、クラス「**kihonhaba**」を作成し、「**アイテム1**」のdiv要素に基本幅を設定しましょう。

①コーディングソフトで「**2sho_style.css**」を表示し、次のように入力します。

```
.flex6 {
    background-color: #ccccff;
    width: 980px;
    padding: 10px;
    display: flex;
}
.kihonhaba {
    flex-basis: 180px;
}
```

※次の操作のために、上書き保存しておきましょう。

②「**2sho.html**」に、次のように入力します。

```
<h2>アイテムの基本幅の設定 (flex-basis) </h2>
<div class="flex6">
    <div class="item kihonhaba">アイテム1</div>
    <div class="item">アイテム2</div>
    <div class="item">アイテム3</div>
    <div class="item">アイテム4</div>
    <div class="item">アイテム5</div>
    <div class="item">アイテム6</div>
</div>
```

※1つの要素にクラスを複数設定する場合、半角空白で区切って記述します。
※次の操作のために、上書き保存しておきましょう。

③ブラウザーでWebページを再読み込みして、編集結果を確認します。

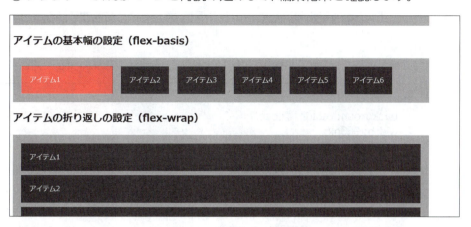

7 アイテムの折り返しの設定

コンテナ内でアイテムを折り返すかどうかを設定するには、「flex-wrapプロパティ」を使います。

■flex-wrapプロパティ

コンテナ内のアイテムの折り返しを設定します。

flex-wrap：折り返し方法

設定できる折り返し方法は、次のとおりです。

折り返し方法	説明
nowrap	折り返しなし（初期値） ※アイテムのサイズを変えて1行におさめ、それでもおさまりきらない場合はコンテナからはみ出ます。
wrap	コンテナ内で折り返して、アイテムを複数行に分けて配置
wrap-reverse	コンテナ内で折り返して、アイテムを複数行に分けて配置 ※下の行から上の行に折り返します。

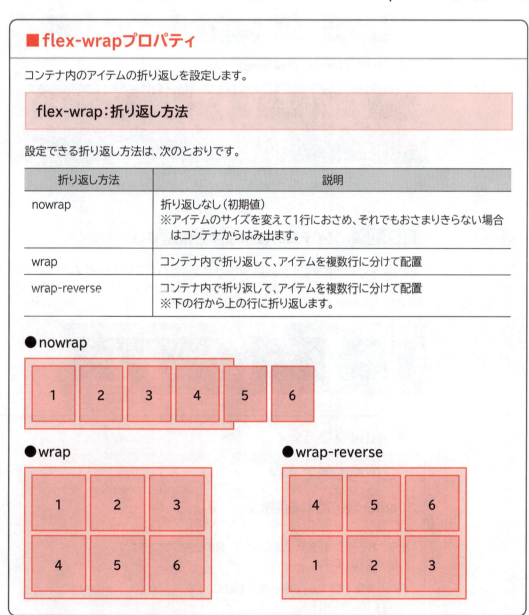

22

クラス「flex7」が設定されたdiv要素（コンテナ）をフレックスボックスレイアウトにして、アイテムをコンテナ内で折り返して下の行に配置されるようにしましょう。

①コーディングソフトで「2sho_style.css」を表示し、次のように入力します。

```
.flex7 {
    background-color: #ccccff;
    width: 980px;
    padding: 10px;
    display: flex;
    flex-wrap: wrap;
}
```

※次の操作のために、上書き保存しておきましょう。

②ブラウザーでWebページを再読み込みして、編集結果を確認します。

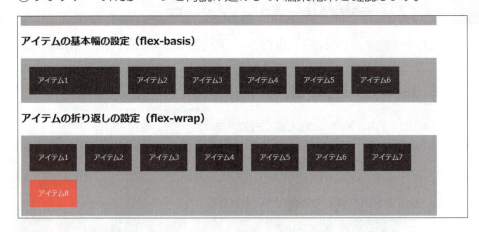

※すべてのファイルを閉じて、ブラウザーとコーディングソフトを終了しておきましょう。

STEP UP　アイテムの表示順序を指定する

アイテムの表示順序を指定するには、「orderプロパティ」を使います。パソコンで表示したときとスマートフォンで表示したときでコンテンツの順序を出し分けたい場合などに、条件によって適用するスタイルを分岐できるメディアクエリと組み合わせて使うといった活用ができます。

■orderプロパティ

アイテムの順序を設定します。

> order：表示される順序

表示される順序は、整数で設定します。負の値も設定できます。
初期値は「0」です。

例：div要素（アイテム）の表示順を4番目にする
　　div {order: 4;}

第3章

Webページの要素の
変形と変化

STEP 1 要素を変形させる‥‥‥‥‥‥‥‥‥‥‥‥‥‥‥‥‥‥‥‥‥25

STEP 2 要素の変化を設定する‥‥‥‥‥‥‥‥‥‥‥‥‥‥‥‥‥‥31

STEP 3 トランスフォームとトランジションを組み合わせる‥‥‥‥37

STEP 1 要素を変形させる

第3章 Webページの要素の変形と変化

本書では、第4章以降で実際のWebサイトの改善を行います。その前に、第2章・第3章ではWebページのレイアウトでよく使われる手法について学習します。
第3章では、Webページの要素を変形させる「トランスフォーム」と要素の動きを変化させる方法を設定する「トランジション」を学習します。

1 トランスフォームとは

「トランスフォーム」(transform) は、「**変形する**」という意味です。「**transformプロパティ**」を使うと、要素に対して移動する、回転する、拡大・縮小する、ゆがませるなどの変形効果を設定できます。例えば、ユーザーがマウスでポイントしたときに、ボタンや画像を大きくしてわかりやすくしたり、リンクのある箇所を強調したりするなど、視覚的にも操作的にも効果的なWebページを作成できます。
※第4章以降でも、トランスフォームを使ってWebサイトを改善します。

■transformプロパティ

要素の変形効果を設定します。

> transform：変形効果（値）

設定できる主な変形効果は、次のとおりです。

変形効果	説明	値
translate（X軸方向の数値, Y軸方向の数値）	要素を移動する	X軸（横）方向やY軸（縦）方向にどれくらい移動するかを数値+単位または%で設定 ※単位には、「px」「em」「rem」などを使用します。
rotate（数値）	要素を回転する ※要素の中心を基準に回転	回転する角度を数値+単位で設定 ※単位には、一般的に「deg」を使用します。1°=1degです。
scale（X軸方向の倍率, Y軸方向の倍率）	要素を拡大/縮小する	X軸（横）方向とY軸（縦）方向の拡大や縮小を倍率で設定
skew（X軸方向の数値, Y軸方向の数値）	要素の形をゆがませる	X軸（横）方向やY軸（縦）方向にどれくらいゆがませるかを数値+単位で設定 ※単位には、一般的に「deg」を使用します。1°=1degです。

※それぞれの値には、負の値を設定できます。「rotate」「skew」の数値に、正の値を設定すると時計回りに、負の値を設定すると反時計回りに、回転させたり、ゆがませたりできます。

例：img要素を反時計回りに40度回転
　　img {transform: rotate(-40deg);}

2　HTMLファイルの確認

transformプロパティで実現できる変形の様々なパターンを、CSSファイルを編集して確認しましょう。
まずは、トランスフォームを設定していない状態を、HTMLファイルのコードとブラウザー表示で確認します。

» フォルダー「第3章」のHTMLファイル「3sho.html」をブラウザーとコーディングソフトで開いておきましょう。

①コーディングソフトで「3sho.html」を表示し、「トランスフォーム」の内容を確認します。

```
<h1>トランスフォーム</h1>
<h2>要素の移動</h2>
<img src="image/ball.jpg" alt="ボールの画像" class="transform3">
   ・
   ・
   ・
```

※クラス「transform●」が設定されたimg要素が記述されていることを確認します。

②ブラウザーで表示して確認します。

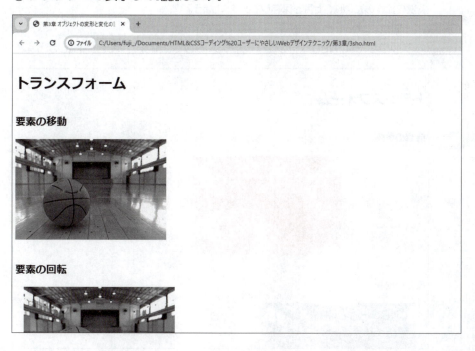

26

3 要素の移動

要素を移動するには、transformプロパティに「**translate**」を設定します。
CSSファイル「**3sho_style.css**」を編集して、「**要素の移動**」のimg要素に設定してあるクラス「**transform3**」に、次のスタイルを設定しましょう。

スタイル	値
変形	X軸方向に200px移動する

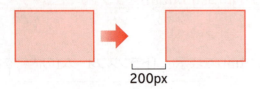

 » CSSファイル「**3sho_style.css**」をコーディングソフトで開いておきましょう。

①コーディングソフトで「**3sho_style.css**」を表示し、次のように入力します。

```
.transform3 {
    transform: translate(200px, 0);
}
```

※次の操作のために、上書き保存しておきましょう。

②ブラウザーでWebページを再読み込みして、編集結果を確認します。

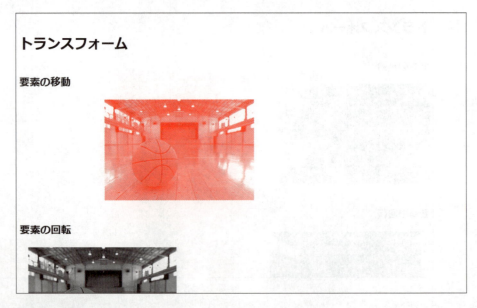

STEP UP 軸の指定

X軸またはY軸だけを基準に変形効果を適用する場合、次のように記述することもできます。

例：div要素をX軸方向に200px移動

```
div {transform: translateX(200px);}
```

括弧の前にXを記載

4 要素の回転

要素を回転するには、transformプロパティに「**rotate**」を設定します。
CSSファイル「**3sho_style.css**」を編集して、「**要素の回転**」のimg要素に設定してあるクラス「**transform4**」に、次のスタイルを設定しましょう。

スタイル	値
変形	10°(deg)回転する

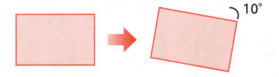

①コーディングソフトで「**3sho_style.css**」を表示し、次のように入力します。

```
.transform4 {
    margin-left: 20px;
    transform: rotate(10deg);
}
```

※次の操作のために、上書き保存しておきましょう。

②ブラウザーでWebページを再読み込みして、編集結果を確認します。

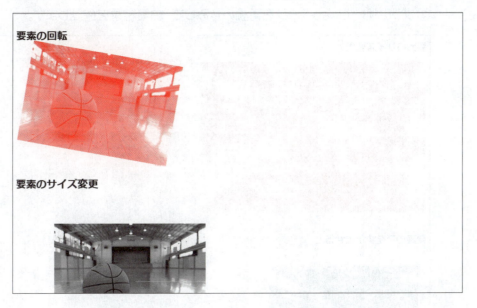

5 要素のサイズ変更

要素のサイズを変更するには、transformプロパティに「**scale**」を設定します。
CSSファイル「**3sho_style.css**」を編集して、**「要素のサイズ変更」**のimg要素に設定してあるクラス「**transform5**」に、次のスタイルを設定しましょう。

スタイル	値
変形	1.5倍の大きさにする

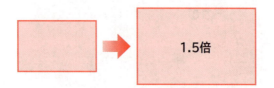

①コーディングソフトで「**3sho_style.css**」を表示し、次のように入力します。

```
.transform5 {
    margin: 50px 90px;
    transform: scale(1.5);
}
```

※次の操作のために、上書き保存しておきましょう。

②ブラウザーでWebページを再読み込みして、編集結果を確認します。

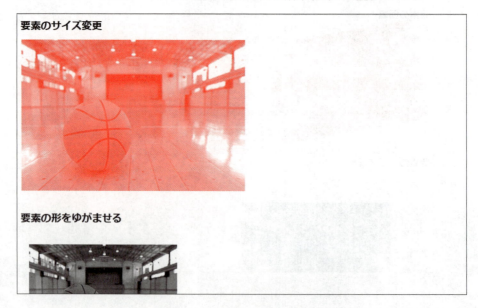

6 要素の形をゆがませる

要素の形をゆがませるには、transformプロパティに「skew」を設定します。
CSSファイル「3sho_style.css」を編集して、「要素の形をゆがませる」のimg要素に設定してあるクラス「transform6」に、次のスタイルを設定しましょう。

スタイル	値
変形	X軸方向に10°(deg)ゆがませる Y軸方向に10°(deg)ゆがませる

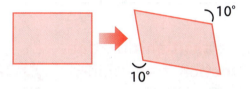

①コーディングソフトで「3sho_style.css」を表示し、次のように入力します。

```css
.transform6 {
    margin: 20px;
    transform: skew(10deg, 10deg);
}
```

※次の操作のために、上書き保存しておきましょう。

②ブラウザーでWebページを再読み込みして、編集結果を確認します。

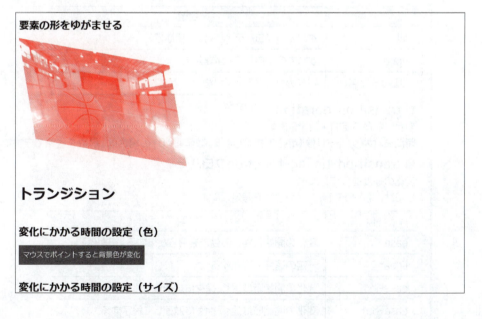

STEP 2 要素の変化を設定する

1 トランジションとは

「トランジション」(transition)は、「遷移」や「移行」という意味です。CSSのトランジション関連のプロパティを使うと、プロパティの値が別の値へと変化するときの時間や速度を設定できます。
※第4章以降でも、トランジションを使ってWebサイトを改善します。

■transitionプロパティ
transition-property、transition-duration、
transition-timing-function、transition-delayプロパティ

プロパティの値が別の値へと変化するときの動きを設定します。

> transition:変化の対象 変化にかかる時間 変化の速度 変化の開始時間
> transition-property:変化の対象
> transition-duration:変化にかかる時間
> transition-timing-function:変化の速度
> transition-delay:変化の開始時間

●transitionプロパティ
変化の対象、変化にかかる時間、変化の速度、変化の開始時間などをまとめて設定できます。

●transition-propertyプロパティ
変化の対象を設定します。

値	説明
all	すべてのプロパティが対象（初期値）
none	すべてのプロパティが非対象
プロパティ名	特定のプロパティが対象

●transition-durationプロパティ
変化にかかる時間を設定します。
時間を、秒(s)やミリ秒(ms)で指定します。数値が「0」の場合は、単位を省略できます。

●transition-timing-functionプロパティ
変化の速度を設定します。
値には、変化のタイミングや速度を指定します。

値	説明
ease	変化の開始と終了の動きを滑らかにする（初期値）
linear	一定の速度で変化する
ease-in	変化の開始時は遅く、徐々に加速して終了する
ease-out	変化の開始時は速く、徐々に減速して終了する
ease-in-out	変化の開始時は遅く、徐々に加速し、減速して終了する

●transition-delayプロパティ
変化の開始時間を設定します。
時間を、秒(s)やミリ秒(ms)で指定します。数値が「0」の場合は、単位を省略できます。

例：div要素をマウスでポイントすると、背景色が黒色から灰色に3秒かけて変化
```
div {background-color: #000000; transition-duration: 3s;}
div:hover {background-color: #cccccc;}
```

2 HTMLファイルとCSSファイルの確認

トランジション関連のプロパティで実現できる変化の様々なパターンを、CSSファイルを編集して確認しましょう。

まずは、トランジションを設定していない状態を、HTMLファイルとCSSファイルのコード、ブラウザー表示で確認します。

①コーディングソフトで「**3sho.html**」を表示し、「**トランジション**」の内容を確認します。

```
<h1>トランジション</h1>
<h2>変化にかかる時間の設定（色）</h2>
<div class="box1 transition3-1">マウスでポイントすると背景色が変化</div>
<h2>変化にかかる時間の設定（サイズ）</h2>
<div class="box2 transition3-2">マウスでポイントするとボックスのサイズが変化</div>
    ⋮
```

※クラス「transition●」が設定されたdiv要素が記述されていることを確認します。

②コーディングソフトで「**3sho_style.css**」を表示し、変化前の背景色（赤色）と変化後の背景色（青色）が設定されていることを確認します。また、変化前のサイズ（幅400px）と変化後のサイズ（幅700px）が設定されていることを確認します。

```
.transition3-1 {
    background-color: #ff0000;
    color: #ffffff;
}
.transition3-1:hover {
    background-color: #0000ff;
}
.box2 {
    background-color: #ff0000;
    color: #ffffff;
    padding: 10px;
    width: 400px;
}
.box2:hover {
    width: 700px;
}
    ⋮
```

③ブラウザーで「変化にかかる時間の設定（色）」と「変化にかかる時間の設定（サイズ）」の表示を確認します。

トランジション

変化にかかる時間の設定（色）

マウスでポイントすると背景色が変化

変化にかかる時間の設定（サイズ）

マウスでポイントするとボックスのサイズが変化

変化の開始時間の設定

マウスでポイントするとボックスのサイズが変化

変化の速度の設定

マウスでポイントするとボックスのサイズが変化

※要素をマウスでポイントした状態を確認しましょう。

3 変化にかかる時間の設定

「transition-durationプロパティ」を使うと、変化にかかる時間を設定できます。

1 色の変化

要素の背景色が時間をかけて赤色から青色に変わるようにします。
CSSファイル「**3sho_style.css**」を編集して、「**変化にかかる時間の設定（色）**」のdiv要素に設定してあるクラス「**transition3-1**」に、次のスタイルを設定しましょう。

スタイル	値
変化にかかる時間	2秒（s）

2秒かけて背景色が変化

①コーディングソフトで「**3sho_style.css**」を表示し、次のように入力します。

```
.transition3-1 {
    background-color: #ff0000;
    color: #ffffff;
    transition-duration: 2s;
}
```

※次の操作のために、上書き保存しておきましょう。

②ブラウザーでWebページを再読み込みして、編集結果を確認します。

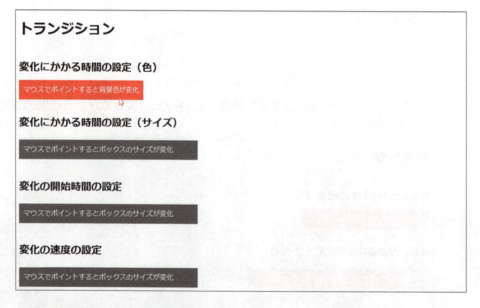

※要素をマウスでポイントした状態を確認しましょう。

POINT　擬似クラス「:hover」とトランジションの組み合わせ

擬似クラス「:hover」を設定した要素にトランジションを組み合わせると、マウスでポイントしたときの動きを設定できます。また、マウスでポイントしていない状態にすると、逆再生されるように元の状態に戻ります。
※マウスでポイントしたときの動作のため、スマートデバイスでは動きが表示されません。

2 サイズの変化

要素のサイズ（幅）が時間をかけて変わるようにします。
CSSファイル「**3sho_style.css**」を編集して、「**変化にかかる時間の設定（サイズ）**」のdiv要素のクラス「**transition3-2**」を作成し、次のスタイルを設定しましょう。

スタイル	値
変化にかかる時間	3秒（s）

3秒かけて幅が変化

①コーディングソフトで「3sho_style.css」を表示し、次のように入力します。

```css
.box2:hover {
    width: 700px;
}
.transition3-2 {
    transition-duration: 3s;
}
```

※次の操作のために、上書き保存しておきましょう。

②ブラウザーでWebページを再読み込みして、編集結果を確認します。

トランジション

変化にかかる時間の設定（色）

マウスでポイントすると背景色が変化

変化にかかる時間の設定（サイズ）

マウスでポイントするとボックスのサイズが変化

変化の開始時間の設定

マウスでポイントするとボックスのサイズが変化

変化の速度の設定

マウスでポイントするとボックスのサイズが変化

※要素をマウスでポイントした状態を確認しましょう。

STEP UP 過度な動きを設定しない

要素を急激に移動させたり色を変えたりするなど、過度な動きを設定することは、ユーザーの集中力を阻害したり、不快感を与えたり、場合によってはめまい、頭痛、吐き気などを引き起こしてしまう可能性があります。必要な動きを検討したうえで、デザインするようにしましょう。

4 変化の開始時間の設定

「transition-delayプロパティ」を使うと、変化の開始時間を設定できます。値に設定した時間だけ、変化が開始する時間を遅らせることができます。
CSSファイル**「3sho_style.css」**を編集して、**「変化の開始時間の設定」**のdiv要素のクラス**「transition4」**を作成し、次のスタイルを設定しましょう。

スタイル	値
変化にかかる時間	3秒(s)
変化の開始時間	2秒(s)

2秒後に変化開始　　3秒かけて幅が変化

①コーディングソフトで**「3sho_style.css」**を表示し、次のように入力します。

```
.transition3-2 {
    transition-duration: 3s;
}
.transition4 {
    transition-duration: 3s;
    transition-delay: 2s;
}
```

※次の操作のために、上書き保存しておきましょう。

②ブラウザーでWebページを再読み込みして、編集結果を確認します。

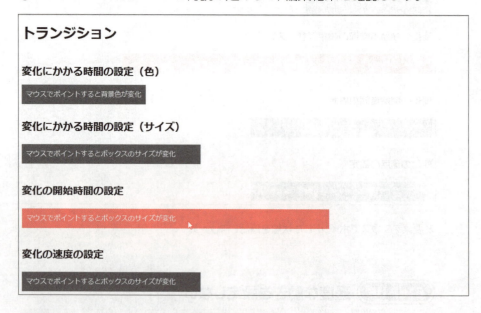

※要素をマウスでポイントした状態を確認しましょう。

5 変化の速度の設定

「transition-timing-functionプロパティ」を使うと、変化の速度を設定できます。
CSSファイル「**3sho_style.css**」を編集して、「**変化の速度の設定**」のdiv要素のクラス
「**transition5**」を作成し、次のスタイルを設定しましょう。

スタイル	値
変化にかかる時間	3秒（s）
変化の速度	変化の開始時は遅く、徐々に加速して終了する（ease-in）

3秒かけて幅が変化
速度は変化の開始時は遅く、徐々に加速して終了

①コーディングソフトで「**3sho_style.css**」を表示し、次のように入力します。

```
.transition4 {
    transition-duration: 3s;
    transition-delay: 2s;
}
.transition5 {
    transition-duration: 3s;
    transition-timing-function: ease-in;
}
```

※次の操作のために、上書き保存しておきましょう。

②ブラウザーでWebページを再読み込みして、編集結果を確認します。

変化にかかる時間の設定（サイズ）

マウスでポイントするとボックスのサイズが変化

変化の開始時間の設定

マウスでポイントするとボックスのサイズが変化

変化の速度の設定

マウスでポイントするとボックスのサイズが変化

トランスフォームとトランジションの組み合わせ

※要素をマウスでポイントした状態を確認しましょう。

STEP UP 数値の指定

値として設定する数値が、0.5や0.25のように0以上1未満の場合は、次のように記述することもできます。

例：div要素が0.5秒かけて変化

```
div {transition-duration: .5s;}
```

0を省略

STEP 3 トランスフォームとトランジションを組み合わせる

1 トランスフォームとトランジションの組み合わせ

トランスフォームとトランジション関連のプロパティを組み合わせると、変形前と変形後の間の動きを設定できます。例えば、マウスでポイントしたときに要素が移動する設定をした場合、トランスフォームだけの設定ではポイントと同時に移動後の位置へ瞬間移動したように見えます。トランジションを組み合わせると、ゆっくりと移動後の位置へ動かすことができます。CSSファイル「3sho_style.css」を編集して、クラス「mix」とその擬似クラス「:hover」に次のようなスタイルを設定し、画像をマウスでポイントしたときに、画像が時間をかけて変形するようにしましょう。

●クラス「mix」

スタイル	値
変化にかかる時間	2秒（s）

※クラス「mix」は、「トランスフォームとトランジションの組み合わせ」のimg要素に設定されています。

●クラス「mix」の擬似クラス「:hover」

スタイル	値
変形	360°(deg)回転する 0.5倍の大きさにする

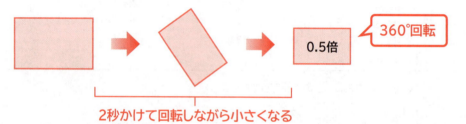

①コーディングソフトで「3sho_style.css」を表示し、次のように入力します。

```css
.mix {
    margin: 20px;
    transition-duration: 2s;
}
.mix:hover {
    transform: rotate(360deg) scale(0.5);
}
```

※次の操作のために、上書き保存しておきましょう。

②ブラウザーでWebページを再読み込みして、編集結果を確認します。

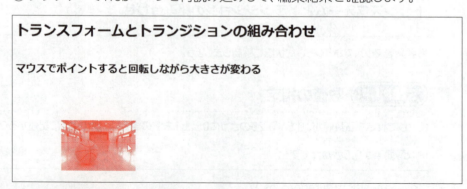

※要素をマウスでポイントした状態を確認しましょう。

※すべてのファイルを閉じて、ブラウザーとコーディングソフトを終了しておきましょう。

第4章

画面幅に適した
メインビジュアルの設定

STEP 1 編集するWebサイトを確認する ……………………………… 39
STEP 2 編集するWebページを確認する ………………………………… 41
STEP 3 高さが変わらない画像を配置する ……………………………… 43
STEP 4 画面幅によって表示画像を切り替える ………………………… 51

STEP 1 編集するWebサイトを確認する

1 編集するWebサイトの概要

第4章以降では、古民家カフェ「**Café&Bar 瀬音庵**」のWebサイトを使って、閲覧するブラウザーの幅によって画像が切り替わるメインビジュアルを作成したり、スマートデバイスでの表示に適したナビゲーションメニューを作成したりするなど改善していきます。

1 Webサイトのフォルダー構成の確認

Webサイトのデータは、フォルダー「**seoto-an**」に入っています。フォルダー「**seoto-an**」の構成は、次のとおりです。

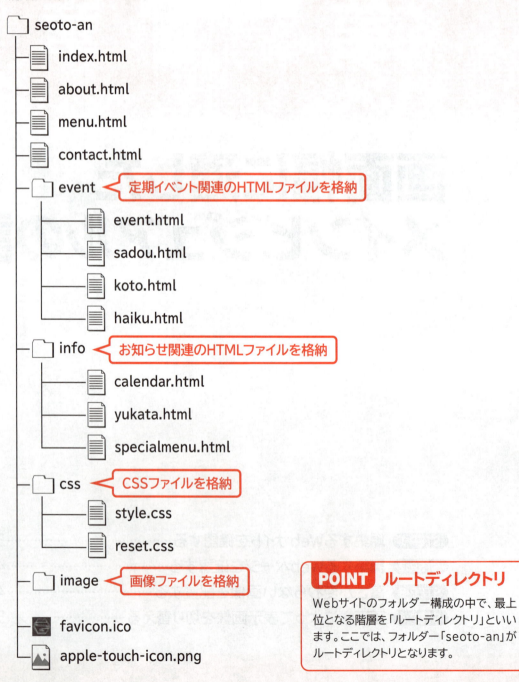

POINT ルートディレクトリ

Webサイトのフォルダー構成の中で、最上位となる階層を「ルートディレクトリ」といいます。ここでは、フォルダー「seoto-an」がルートディレクトリとなります。

STEP UP リセットCSS

「リセットCSS」とは、ブラウザーが持つデフォルト（初期値）のスタイルをリセットするCSSのことです。同じWebページを表示しても、ブラウザーによってデフォルトのスタイルが異なるため、表示が異なる場合があります。リセットCSSでマージンやパディングを0に設定したり、フォントサイズを一定の値に設定したりすることで、すべてのブラウザーでほぼ同じようなデザインで表示することができます。

※フォルダー「seoto-an」のCSSファイル「reset.css」は、リセットCSSです。

2 Webサイトのページ遷移の確認

Webサイト内のリンクをクリックして、ページ遷移を確認しましょう。
※ファイル名は、「index.html」（トップページ）を基準とした相対パスで表記しています。

 » フォルダー「seoto-an」のHTMLファイル「index.html」をブラウザーで開いておきましょう。

●index.html

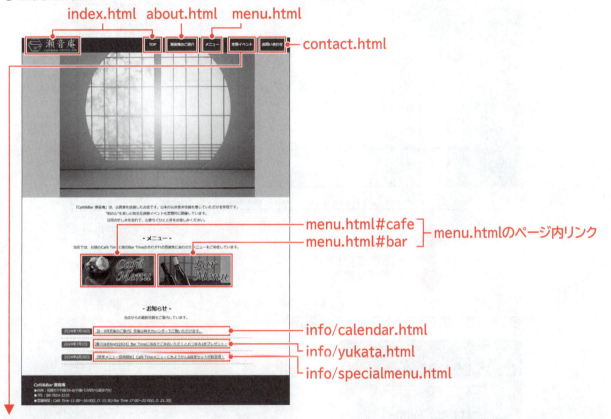

●event/event.html

●event/haiku.html

STEP 2 編集するWebページを確認する

1 編集するWebページの確認

Webページ「index.html」と「haiku.html」のメインビジュアルを、閲覧環境に適した見せ方に変更します。

index.html

●広い画面幅（パソコンでの表示）

メインビジュアル

・画像は変わらない
・高さは変わらない
・幅が変わる

●狭い画面幅（スマートフォンでの表示）

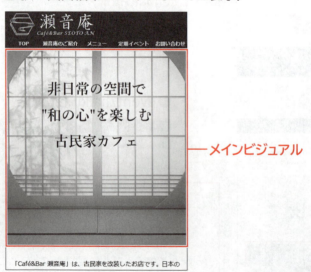

メインビジュアル

haiku.html

●広い画面幅（パソコンでの表示）

メインビジュアル

別の画像に切り替わる

●狭い画面幅（スマートフォンでの表示）

メインビジュアル

42

STEP 3 高さが変わらない画像を配置する

1 画面幅と画像サイズ

1枚の画像を、様々な画面幅に最適なサイズで表示するには工夫が必要です。例えば、パソコンなどの広い画面幅では横長の画像は大きく表示され、迫力のある見せ方ができますが、スマートフォンなどの狭い画面幅でそのまま表示すると小さく表示され視認性が悪くなります。

●広い画面幅　　　　　　　　　　　　　　●狭い画面幅

逆に、狭い画面幅を意識して縦長の画像を使用した場合、広い画面幅では拡大されて画像だけで画面が埋まってしまい、ほかの情報を表示するためには何度もスクロールをする必要があるという弊害があります。

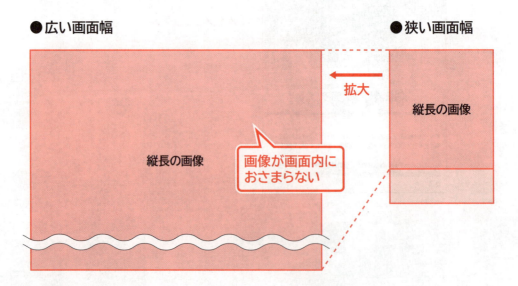

2 高さが変わらない画像の配置

「index.html」のメインビジュアルを見ると、画面幅の差による見にくさを防ぐために極端な横長や縦長の画像にせず、正方形に近い画像を使用していることがわかります。また、画像の最大幅を設定したことで、広い画面幅の場合でも一定以上には拡大されないように調整をしています。しかし、広い画面幅では左右が空きすぎているなど、改善の余地があります。

このような場合の解決方法として、画像をp要素やdiv要素などの背景に設定する方法があります。要素に高さを設定したうえで、背景に画像を設定すると、どのような閲覧環境でも高さが変わらない画像を表示できます。また、要素内の文字列や画像を背景画像の上に重ねて表示させることができます。要素内の文字列や画像は背景画像と一体化しないため、閲覧環境の違いによる画像の見え方に影響されません。

現在の「index.html」では、img要素を配置することで画像を表示させています。これを、h2要素の背景に画像を設定する方法に変更しましょう。

●変更前

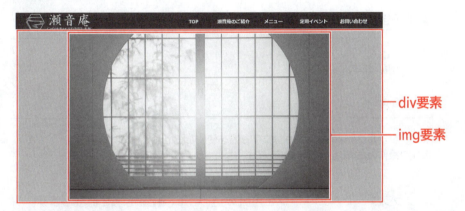

●変更後

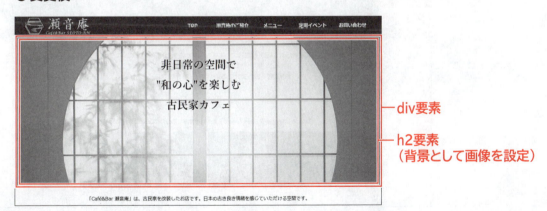

3 見出しの設定

HTMLファイル「index.html」を編集して、img要素を削除し、h2要素を追加して店舗のキャッチコピー「非日常の空間で"和の心"を楽しむ古民家カフェ」を入力しましょう。「"和の心"を楽しむ」の前後で改行し、3行になるようにします。

 》 フォルダー「seoto-an」のHTMLファイル「index.html」をコーディングソフトで開いておきましょう。

①コーディングソフトで「index.html」を表示し、次のように編集します。

●編集前

```
<main>
    <div id="mainvisual">
        <img src="image/mainvisual.jpg" alt="店内の和室の写真">
    </div>
```

●編集後

```
<main>
    <div id="mainvisual">
        <h2>非日常の空間で<br>&quot;和の心&quot;を楽しむ<br>古民家カフェ</h2>
    </div>
```

※「"」(ダブルクォーテーション)は文字参照を使って「"」と記述します。
※次の操作のために、上書き保存しておきましょう。

②ブラウザーでWebページを再読み込みして、編集結果を確認します。

4 見出しのスタイルの設定

h2要素の見出しに、文字列の書式や見出しの高さなどのスタイルを設定します。
CSSファイル「style.css」を編集して、ID「mainvisual」の中のh2要素に、次のスタイルを設定しましょう。また、メインビジュアルの表示にimg要素を使わなくなったため、不要なスタイルを削除しましょう。

スタイル	値
フォントの種類	Yu Mincho、Hiragino Mincho ProN、serif（明朝系のフォント）
文字サイズ	28pt
フォントの太さ	700
文字列の影	横方向のずれ幅：2px 縦方向のずれ幅：2px ぼかし幅：5px 影の色：白色（#ffffff）
行の高さ	180%
行揃え	中央揃え（center）
パディング（上）	65px
高さ	500px

» フォルダー「css」のCSSファイル「style.css」をコーディングソフトで開いておきましょう。

①コーディングソフトで「style.css」を表示し、次のように編集します。

●編集前

```
/* メインビジュアル */
#mainvisual {
    background-color: #f2d6aa;
}
#mainvisual img {
    display: block;
    margin: 0 auto;
    width: 100%;
    max-width: 900px;
}
```

●編集後

```
/* メインビジュアル */
#mainvisual {
    background-color: #f2d6aa;
}
#mainvisual h2 {
    font-family: "Yu Mincho", "Hiragino Mincho ProN", serif;
    font-size: 28pt;
    font-weight: 700;
    text-shadow: 2px 2px 5px #ffffff;
    line-height: 180%;
    text-align: center;
    padding-top: 65px;
    height: 500px;
}
```

※次の操作のために、上書き保存しておきましょう。

②ブラウザーでWebページを再読み込みして、編集結果を確認します。

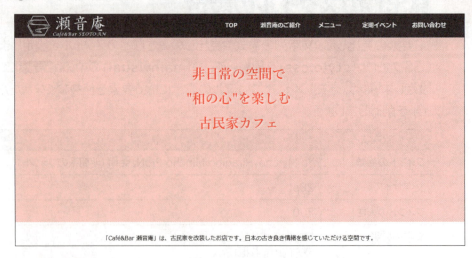

POINT　クラスとIDの使い分け

要素にスタイルを設定するには、クラスとIDを使う方法があります。
HTMLファイルに含まれる複数のp要素のうち一部のp要素だけ色を変更するなど、部分的にスタイルを設定する場合には、クラスを使用します。1つのHTMLファイル内に1つしか使用しない一意の要素にスタイルを設定する場合には、IDを使用します。
クラスとIDはそれぞれ使用できる条件が異なるため、用途に応じて使い分ける必要があります。

	同じHTMLファイルに使用できる個数	同じ要素に設定できる個数
クラス	複数個使用できる	複数個設定できる
ID	1つだけ使用できる	1つだけ設定できる

5　背景画像の配置

メインビジュアルの画像を、h2要素の背景画像として配置します。背景画像は、どのような閲覧環境でも画像の中央上部が表示されるように、位置を設定します。
CSSファイル「**style.css**」を編集して、ID「**mainvisual**」の中のh2要素に、次のスタイルを設定しましょう。

スタイル	値
背景画像	フォルダー「image」の画像「mainvisual.jpg」
背景画像の位置	中央　上部（center top）
背景画像のサイズ	要素のすべてを覆う（cover）

■ background-positionプロパティ

背景画像の位置を設定します。

> background-position：位置

設定できる位置は、次のとおりです。

位置	説明
top	上部
bottom	下部
left	左部
right	右部
center	中央

位置は組み合わせて指定できます。また、要素の左上を基準とした距離でも指定できます。
距離は、数値＋単位または％で設定します。

例：div要素の右上に合わせて背景画像を設定
　　div {background-position: right top;}
例：div要素の左端から20px、上端から30pxの位置に背景画像を設定
　　div {background-position: 20px 30px;}

■ background-sizeプロパティ

背景画像のサイズを設定します。

> background-size：サイズ

サイズは、数値＋単位または％で設定することもできますが、要素のサイズに合わせて自動的に調整することもできます。

サイズ	説明
cover	1つの画像が要素のすべてを覆うように画像のサイズを調整 ※要素からはみ出す部分の画像は表示されません。 画像 （表示されない）
contain	要素内に画像全体が表示されるようにサイズを調整 ※要素のサイズより画像のサイズが小さい場合、余白部分に画像が繰り返して配置されます。繰り返して配置されないようにするには、「background-repeatプロパティ」の値をno-repeatに設定します。 画像　画像

例：div要素の背景画像を、要素内にすべておさまるように配置（背景画像は繰り返さない）
　　div {background-size: contain; background-repeat: no-repeat;}

①コーディングソフトで「**style.css**」を表示し、次のように入力します。

```
#mainvisual h2 {
    height: 500px;
    background-image: url("../image/mainvisual.jpg");
    background-position: center top;
    background-size: cover;
}
```

※1つ上の階層のフォルダーを参照する場合は、「../」（ピリオド2つとスラッシュ）を記述します。
※次の操作のために、上書き保存しておきましょう。

②ブラウザーでWebページを再読み込みして、編集結果を確認します。

6 要素の最大幅の設定

「**background-sizeプロパティ**」の値をcoverにすると、背景画像は画面幅に合わせて際限なく拡大されるため、広い画面幅で表示したときには画像が粗く見えてしまいます。
背景画像が一定のサイズ以上に拡大されないように、背景画像が拡大する幅の上限（h2要素の最大幅）を設定するとよいでしょう。さらに、マージンを使ってh2要素を中央揃えにします。
CSSファイル「**style.css**」を編集して、ID「**mainvisual**」の中のh2要素に、次のスタイルを設定しましょう。

スタイル	値
最大幅	1500px
マージン（上下・左右）	0　自動（auto）

①コーディングソフトで「**style.css**」を表示し、次のように入力します。

```
#mainvisual h2 {
    background-size: cover;
    max-width: 1500px;
    margin: 0 auto;
}
```

※次の操作のために、上書き保存しておきましょう。

②ブラウザーでWebページを再読み込みして、編集結果を確認します。

※h2要素の最大幅よりも画面幅が広いときの表示イメージです。設定した最大幅は、画面幅が1500px以上の場合で確認できます。

STEP UP 背景の表示範囲

要素に背景を設定したとき、その表示範囲を変えるには「background-clipプロパティ」を使用します。要素のボーダーの下まで背景を表示するかどうかなど、表示範囲の設定ができます。

■background-clipプロパティ

背景の表示範囲を設定します。

background-clip：表示範囲

設定できる表示範囲は、次のとおりです。

表示範囲	説明
border-box	ボーダーの外側まで表示（初期値）　※背景の上にボーダーが重なります。
padding-box	パディングの外側まで表示　※背景の上にボーダーは重なりません。
content-box	コンテンツボックスの中に表示
text	文字部分に表示

例：div要素の背景をパディングの外側まで表示
　　div {background-clip: padding-box;}

STEP UP 文字部分に背景画像を表示

文字部分のみに背景画像を表示するには、background-clipプロパティとcolorプロパティを組み合わせて使います。colorプロパティの値「transparent」で背景の上に重なる文字の色を透明にし、背景が文字部分だけに見えるようにします。

例：h2要素の文字部分に背景を表示
　　h2 {background-clip: text; color: transparent;}

50

STEP 4 画面幅によって表示画像を切り替える

1 画面幅と画像サイズ

「haiku.html」のメインビジュアルは、画像内にイベントのタイトル文字がデザインされています。広い画面幅のときは問題なく文字を読めますが、狭い画面幅ではそのままサイズが縮小され、文字が読みにくくなります。このWebページでは、画面幅によって表示させる画像を切り替えることで、メインビジュアルの見やすさを改善します。

※「index.html」のリンクを経由して「haiku.html」を表示するには、「index.html」のナビゲーションメニューにある「定期イベント」→「俳句を学ぶ」の画像をクリックします。
※ブラウザーの画面幅を変えて、メインビジュアルの表示を確認しておきましょう。

haiku.html

●広い画面幅（パソコンでの表示）

●狭い画面幅（スマートフォンでの表示）

2 picture要素の追加

画像を切り替えるには、「**picture要素**」、「**source要素**」、「**img要素**」を組み合わせて使います。

■ picture要素

画像を表示します。

```
<picture>
    <source srcset="画像ファイルのパス" media="適用するメディア">
    <img src="画像ファイルのパス" alt="代替テキスト">
</picture>
```

picture要素の中には、子要素として0個以上のsource要素と1個以上のimg要素を含みます。

● source要素
画像のセット（srcset）として画像ファイルのパスと、メディア（media）としてその画像が適用される条件を記述します。source要素を複数記述することで、細かく条件を分岐させることができます。
※適用するメディアは（ ）の中に記述します。

● img要素
source要素に記述した適用メディア以外の場合に表示する画像を指定します。

例：画面幅が980px以下の場合は画像「image1.jpg」を、600px以下の場合は画像「image2.jpg」を、それ以外の場合（980pxより大きい場合）は画像「image3.jpg」を表示
```
<picture>
    <source srcset="image1.jpg" media="(max-width: 980px)">
    <source srcset="image2.jpg" media="(max-width: 600px)">
    <img src="image3.jpg" alt="建物の外観">
</picture>
```

HTMLファイル「**haiku.html**」を編集して、画面幅が600px以下の場合は画像「**event_haiku_square.jpg**」を、それ以外の場合は画像「**event_haiku.jpg**」を表示するように設定しましょう。

● event_haiku_square.jpg　　　● event_haiku.jpg

画像の幅に対して文字が大きく、狭い画面幅で見やすい画像を用意

» フォルダー「event」のHTMLファイル「haiku.html」をコーディングソフトで開いておきましょう。

①コーディングソフトで「haiku.html」を表示し、次のように入力します。

```
<main>
    <picture>
        <source srcset="../image/event_haiku_square.jpg" media="(max-width: 600px)">
        <img src="../image/event_haiku.jpg" alt="瀬音庵の和文化体験 俳句を学ぶ"
        id="subimg">
    </picture>
    <article>
```

※img要素自体に変更はありませんが、見やすくするためにインデントの位置を変更しています。
※次の操作のために、上書き保存しておきましょう。

②ブラウザーでWebページを再読み込みして、編集結果を確認します。

※画面幅を変えて、画像が切り替わることを確認しておきましょう。

※実際にWebサイトを改善するときは、「sadou.html」「koto.html」も同様に修正しておきましょう。狭い画面幅で表示する画像は、フォルダー「image」の「event_sadou_square.jpg」「event_koto_square.jpg」を使います。
※すべてのファイルを閉じて、ブラウザーとコーディングソフトを終了しておきましょう。

POINT　スマートデバイス用の画像

スマートフォンやタブレットなどのスマートデバイスは画面解像度が高い機種が多く、画面サイズの2倍から3倍程度のサイズの画像が表示できるデバイスもあります。そのようなデバイスでサイズの小さい画像を表示すると、ぼやけたように感じる場合があります。スマートデバイスで表示するための画像は、想定するスマートデバイスの画面サイズよりも大きいものを用意するようにしましょう。

第5章

画像を活用したボタンの作成

STEP 1	編集するWebページを確認する	55
STEP 2	画像にボタンのような効果を付ける	56
STEP 3	レスポンシブWebデザインに対応させる	63
参考学習	画像に様々なグラフィック効果を付ける	65

STEP 1 編集するWebページを確認する

1 編集するWebページの確認

この章では、「index.html」にある画像「Café Menu」と「Bar Menu」に装飾や動きを付けて、ボタンのように表示する設定をします。画像「Café Menu」と「Bar Menu」には、「menu.html」のページ内へリンクが設定されています。
また、1つのWebページのレイアウトを、デバイスやディスプレイのサイズに応じて変化させられる「レスポンシブWebデザイン」に対応させます。

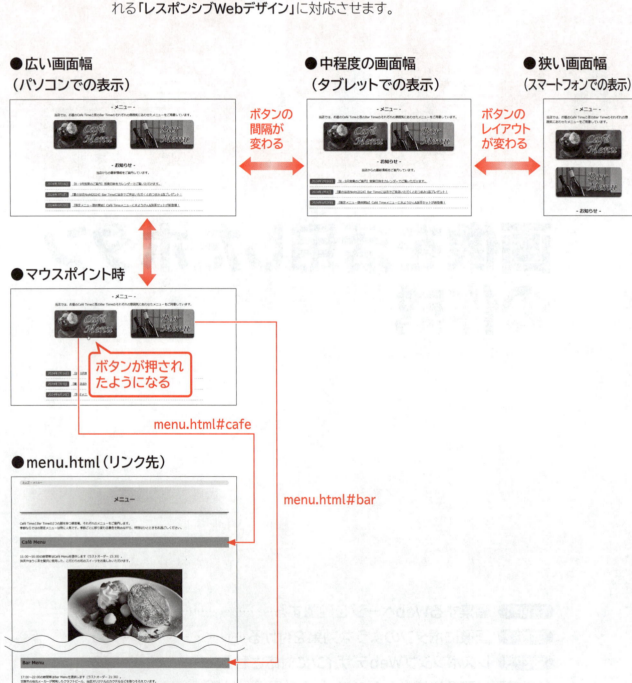

STEP 2 画像にボタンのような効果を付ける

1 リンクの設定がわかる画像の表現

リンクには、ユーザーを見せたい情報へ導く大切な役割があります。そのため、リンクが設定されている要素は、それが直感的にわかり、迷いなくクリックされる必要があります。
文字列にリンクを設定する場合は、色を変えたり下線を引いたりすることで、ほかの文字列と区別し、リンクが設定されていることを示します。同様に、画像についてもリンクが設定されていることを示す必要があります。例えば、**「詳細を見る」**などの文字列を画像内に記載する方法や、CSSを使って画像に装飾や動きの効果を付ける方法があります。

「index.html」に設置されているリンクは、画像にリンクを設定しただけのシンプルなデザインです。この画像を立体的なボタンのように見せ、マウスでポイントしたときにボタンが押されるような動きを付けることで、直感的にリンクが設定されていることがわかる表現にします。

●現在の画像リンク

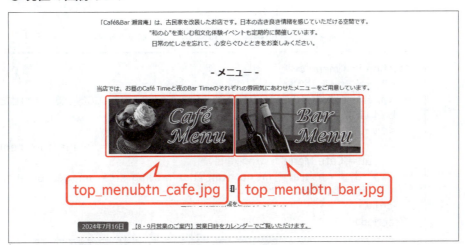

2 画像の配置

閲覧環境に応じて画像のレイアウトを変更できるように、フレックスボックスレイアウトで画像を配置します。
「index.html」で、2つの画像を囲んでいるdiv要素にID**「menu_btn」**を設定し、フレックスボックスのコンテナにします。2つの画像はそれぞれdiv要素で囲み、フレックスボックスのアイテムにします。

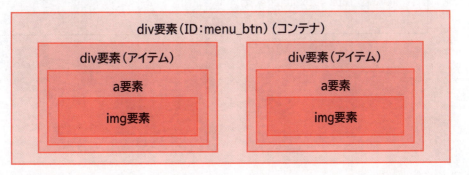

HTMLファイル「index.html」を編集して、ID「menu_btn」とその中のdiv要素を追加しましょう。次に、CSSファイル「style.css」を編集して、ID「menu_btn」とその中のdiv要素に、次のスタイルを設定しましょう。

● ID「menu_btn」

スタイル	値
表示形式	フレックスボックスレイアウトで表示（flex）
コンテナ内の配置（横方向）	アイテムをコンテナの中央に寄せて配置（center）

● ID「menu_btn」の中のdiv要素

スタイル	値
マージン（上・右・下・左）	15px　40px　40px　40px

》 フォルダー「seoto-an」のHTMLファイル「index.html」をブラウザーとコーディングソフトで、CSSファイル「style.css」をコーディングソフトで開いておきましょう。

①コーディングソフトで「index.html」を表示し、次のように入力します。

```html
<section id="menu">
    <h2>メニュー</h2>
    <p>当店では、お昼のCafé Timeと夜のBar Timeのそれぞれの雰囲気にあわせたメニューをご用意しています。</p>
    <div id="menu_btn">
        <div><a href="menu.html#cafe"><img src="image/top_menubtn_cafe.jpg" alt="Café Menu"></a></div>
        <div><a href="menu.html#bar"><img src="image/top_menubtn_bar.jpg" alt="Bar Menu"></a></div>
    </div>
</section>
```

※次の操作のために、上書き保存しておきましょう。

②コーディングソフトで「style.css」を表示し、次のように編集します。

● 編集前

```css
/* メニューボタン */
#menu h2 {
    padding: 1rem 0 0.7rem 0;
}
#menu div {
    margin: 15px 40px 40px 40px;
}
```

●編集後

```
/* メニューボタン */
#menu h2 {
    padding: 1rem 0 0.7rem 0;
}
#menu_btn {
    display: flex;
    justify-content: center;
}
#menu_btn div {
    margin: 15px 40px 40px 40px;
}
```

※次の操作のために、上書き保存しておきましょう。
※階層の異なるdiv要素それぞれにスタイルを設定するため、このWebサイトでは「#menu div」を使わずに、新たなID「#menu_btn」を設定しています。

③ブラウザーでWebページを再読み込みして、編集結果を確認します。

※2つの画像の間隔が変わります。

STEP UP セレクタに設定するクラスやIDの名前

セレクタはスタイルを設定する対象を表します。セレクタに設定するクラスやIDの名前には、あとから見返したときや別の担当者に引き継いだときに、設定しているパーツがすぐに想像できる名前を付けておくと便利です。しかし、長い名前を付けるとコードが見にくくなることがあります。そこで、パーツ名などを省略した名前を付けることがあります。
よく使われる名前には、次のようなものがあります。

パーツ	クラスやIDの名前
ボタン（button）	btn
グローバルナビゲーションメニュー（global navigation menu）	gnavi、gnav
段落（section）	sec
お知らせ（information）	info
画像（image）	img
タイトル（title）	ttl
コンテンツ（contents）	cont
スマートフォン表示用（smartphone）	sp

58

3 画像のスタイルの設定

2つの画像にスタイルを設定し、立体的な効果を付けます。
CSSファイル「**style.css**」を編集して、ID「**menu_btn**」の中のimg要素に、次のスタイルを設定しましょう。

スタイル	値
4つの角を丸くする	半径10px
影	横方向のずれ幅：0 縦方向のずれ幅：5px ぼかし幅：5px 影の色：こげ茶色（#331e0a）

※box-shadowプロパティはP.141「POINT box-shadowプロパティの設定」を参照してください。

①コーディングソフトで「**style.css**」を表示し、次のように入力します。

```css
#menu_btn div {
    margin: 15px 40px 40px 40px;
}
#menu_btn img {
    border-radius: 10px;
    box-shadow: 0 5px 5px #331e0a;
}
```

※次の操作のために、上書き保存しておきましょう。

②ブラウザーでWebページを再読み込みして、編集結果を確認します。

4 マウスでポイントしたときの表示の設定

2つの画像をマウスでポイントしたときの表示を設定します。ここでは、立体的なボタンが押されて平面的になり、さらに画像の不透明度を設定して色が薄くなるようにします。画像の不透明度を設定するには「opacityプロパティ」を使います。

■ opacityプロパティ

要素の不透明度を設定します。

> opacity：不透明度

不透明度は0〜1の数値または0%〜100%で設定します。
数値の場合は0が完全に透明、1が完全に不透明です。%の場合は0%が完全に透明、100%が完全に不透明です。
初期値は1です。

例：div要素の不透明度を60%に設定
div {opacity: 60%;}

CSSファイル「**style.css**」を編集して、ID「**menu_btn**」の中のimg要素に、擬似クラス「**:hover**」を作成し、次のスタイルを設定しましょう。

スタイル	値
変形	Y軸方向に5px移動する
影	なし（none）
不透明度	0.85

①コーディングソフトで「**style.css**」を表示し、次のように入力します。

```css
#menu_btn img {
    border-radius: 10px;
    box-shadow: 0 5px 5px #331e0a;
}
#menu_btn img:hover {
    transform: translate(0, 5px);
    box-shadow: none;
    opacity: 0.85;
}
```

※次の操作のために、上書き保存しておきましょう。

②ブラウザーでWebページを再読み込みして、編集結果を確認します。

※画像をマウスでポイントした状態を確認しましょう。

STEP UP　要素の透過を変える表現

画像の背景が白色の場合は、画像にopacityプロパティを設定すると色が薄くなるような表現ができます。背景に色が付いている場合は、その色のカラーフィルムを被せたような表現になります。

●白色の背景（画像の不透明度1）　　　　●白色の背景（画像の不透明度0.5）

●黒色の背景（画像の不透明度1）　　　　●黒色の背景（画像の不透明度0.5）

5 トランジションの設定

画像をマウスでポイントすると、ボタンが押された状態にすぐに変化します。マウスでポイントしたときに滑らかに変化するように、トランジションを設定します。
CSSファイル「**style.css**」を編集して、ID「**menu_btn**」の中のimg要素に、次のスタイルを設定しましょう。

スタイル	値
変化にかかる時間	0.3秒（s）

①コーディングソフトで「**style.css**」を表示し、次のように入力します。

```
#menu_btn img {
    border-radius: 10px;
    box-shadow: 0 5px 5px #331e0a;
    transition-duration: 0.3s;
}
```

※次の操作のために、上書き保存しておきましょう。

②ブラウザーでWebページを再読み込みして、編集結果を確認します。

※画像をマウスでポイントした状態を確認しましょう。

STEP 3 レスポンシブWebデザインに対応させる

1 狭い画面幅への対応

スマートフォンなどの狭い画面幅で表示したときには、2つの画像を横に並べるスペースがありません。画面幅が768px以下の場合に、2つの画像が縦方向に並ぶようにアイテムの配置方向を設定し、マージンを調整します。

CSSファイル「style.css」を編集して、ID「menu_btn」を作成し、次のスタイルを設定しましょう。

スタイル	値
アイテムの配置方向	縦方向に配置（column）
マージン（上下・左右）	15px　0

①コーディングソフトで「style.css」を表示し、次のように入力します。

```
/* 768px以下の場合 */
@media(max-width: 768px) {
    #explanation, #menu > p, #info > p {
        text-align: left;
        margin-left: 1rem;
        margin-right: 1rem;
    }

    /* メニューボタン */
    #menu_btn {
        flex-direction: column;
        margin: 15px 0;
    }
}
```

※このあとの操作でCSSの行数が増えたとき、わかりやすくなるようにコメントを記述しています。
※コードを記述する場所は、同じメディアクエリの中であればどこでもかまいません。メディアクエリの記述が複数ある場合、順番を統一しておくと、あとから見返したときにわかりやすくなります。
※次の操作のために、上書き保存しておきましょう。

②ブラウザーでWebページを再読み込みして、編集結果を確認します。

※画面幅を変えて表示が変化することを確認しておきましょう。

2 中程度の画面幅への対応

タブレットのような中程度の画面幅で表示したときに画像の周囲が空いているので、位置を調整しましょう。

画面幅が959px以下の場合のマージンを指定します。
CSSファイル「style.css」を編集して、ID「menu_btn」の中のdiv要素に、次のスタイルを設定しましょう。

スタイル	値
マージン（上・右・下・左）	15px　10px　25px　10px

①コーディングソフトで「style.css」を表示し、次のように入力します。

```
/* 959px以下の場合 */
@media(max-width: 959px) {

    #gnavi li a {
        height: 35px;
        line-height: 35px;
    }

    /* メニューボタン */
    #menu_btn div {
        margin: 15px 10px 25px 10px;
    }
```

※次の操作のために、上書き保存しておきましょう。

②ブラウザーでWebページを再読み込みして、編集結果を確認します。

※画面幅を変えてマージンが変化することを確認しておきましょう。

※すべてのファイルを閉じて、ブラウザーとコーディングソフトを終了しておきましょう。

参考学習 画像に様々なグラフィック効果を付ける

1 画像のグラフィック効果の設定

「filterプロパティ」を使うと、画像などの要素に様々なグラフィック効果を設定することができます。画像加工ソフトで編集しなくても、CSSだけで画像の雰囲気を変えることができるので便利です。

■ **filterプロパティ**

要素にグラフィック効果を設定します。

> filter：グラフィック効果

設定できるグラフィック効果は、次のとおりです。

グラフィック効果	説明	値
blur（ぼかす半径）	ガウスぼかしを入れる	ぼかす半径は数値＋単位で設定 ※単位には、「px」「em」「rem」などを使用します。
brightness（変化量）	明るさを設定する	変化量は数値または％で設定
contrast（変化量）	コントラストを設定する	変化量は数値または％で設定
drop-shadow（X軸方向の距離　Y軸方向の距離　ぼかす半径　影の色）	ドロップシャドウを設定する	X軸方向の距離、Y軸方向の距離、ぼかす半径は数値＋単位で設定 ※単位には、「px」「em」「rem」などを使用します。
grayscale（変化量）	グレースケールに変換する	変化量は数値または％で設定
hue-rotate（色相の角度）	色相を変更する	色相の角度は数値＋単位で設定 ※単位には、一般的に「deg」を使用します。1°＝1degです。
invert（変化量）	色を反転させる	変化量は数値または％で設定
opacity（変化量）	透過率を設定する	変化量は数値または％で設定
saturate（変化量）	彩度を設定する	変化量は数値または％で設定
sepia（変化量）	セピア調にする	変化量は数値または％で設定

グラフィック効果は組み合わせて設定することもできます。

例：img要素のぼかしを半径3px、彩度を30％に設定
    img {filter: blur(3px) saturate(30%);}

filterプロパティを使って、画像に様々なグラフィック効果を設定しましょう。

 フォルダー「第5章参考学習」のHTMLファイル「5sho.html」をブラウザーとコーディングソフトで、CSSファイル「5sho_style.css」をコーディングソフトで開いておきましょう。

※HTMLファイル「5sho.html」に、クラス「filter●」が設定されたimg要素が記述されていることを確認します。

1 セピア

「セピア」の画像をセピア調に設定します。変化量は100%（完全なセピア色）とします。
CSSファイル「**5sho_style.css**」を編集して、クラス「**filter1**」を作成し、スタイルを設定しましょう。

①コーディングソフトで「**5sho_style.css**」を表示し、次のように入力します。

```css
.background {
    background-color: #4e6230;
    margin: 5px;
    padding: 10px;
    width: 450px;
}
.filter1 {
    filter: sepia(100%);
}
```

※次の操作のために、上書き保存しておきましょう。

②ブラウザーでWebページを再読み込みして、編集結果を確認します。

2 彩度

「彩度」の画像に彩度を設定します。初期状態から彩度を下げ、変化量を20%とします。
CSSファイル「**5sho_style.css**」を編集して、クラス「**filter2**」を作成し、スタイルを設定しましょう。

①コーディングソフトで「**5sho_style.css**」を表示し、次のように入力します。

```css
.filter2 {
    filter: saturate(20%);
}
```

※次の操作のために、上書き保存しておきましょう。

②ブラウザーでWebページを再読み込みして、編集結果を確認します。

3 ぼかし

「ぼかし」の画像にぼかしを設定します。ぼかしの半径は4pxとします。
CSSファイル**「5sho_style.css」**を編集して、クラス**「filter3」**を作成し、スタイルを設定しましょう。

①コーディングソフトで**「5sho_style.css」**を表示し、次のように入力します。

```
.filter3 {
    filter: blur(4px);
}
```

※次の操作のために、上書き保存しておきましょう。

②ブラウザーでWebページを再読み込みして、編集結果を確認します。

4 ドロップシャドウ

「ドロップシャドウ」のpng画像にドロップシャドウを設定します。X軸方向に4px、Y軸方向に4pxの位置に配置し、ぼかしの半径は4px、影の色は黒色（#000000）とします。
CSSファイル「5sho_style.css」を編集して、クラス「filter4」を作成し、スタイルを設定しましょう。

①コーディングソフトで「5sho_style.css」を表示し、次のように入力します。

```css
.filter4 {
    filter: drop-shadow(4px 4px 4px #000000);
}
```

※次の操作のために、上書き保存しておきましょう。

②ブラウザーでWebページを再読み込みして、編集結果を確認します。

STEP UP　filterプロパティのdrop-shadowとbox-shadowプロパティの違い

filterプロパティのdrop-shadowと機能が似ているものとして、box-shadowプロパティがあります。透過の部分があるpng画像にそれぞれを設定した場合、filterプロパティのdrop-shadowでは透過の部分を無視して、色が付いている部分に沿って影が付きます。一方、box-shadowプロパティでは要素全体に対して影が付きます。

● filterプロパティのdrop-shadow

● box-shadowプロパティ

5 filterプロパティとトランジションの組み合わせ

filterプロパティとトランジションを組み合わせて使うと、動きのある画像を作ることができます。「filterプロパティとトランジションの組み合わせ」の画像に彩度の変化量10%と変化にかかる時間1秒を設定し、マウスでポイントしたときに彩度の変化量100%になるようにします。CSSファイル「5sho_style.css」を編集して、クラス「filter5」とその擬似クラス「:hover」を作成し、スタイルを設定しましょう。

①コーディングソフトで「5sho_style.css」を表示し、次のように入力します。

```css
.filter5 {
    filter: saturate(10%);
    transition-duration: 1s;
}
.filter5:hover {
    filter: saturate(100%);
}
```

※次の操作のために、上書き保存しておきましょう。

②ブラウザーでWebページを再読み込みして、編集結果を確認します。

※画像をマウスでポイントし、彩度がゆっくりと変わることを確認しておきましょう。

※すべてのファイルを閉じて、ブラウザーとコーディングソフトを終了しておきましょう。

第6章

カード型デザインの作成

STEP 1 編集するWebページを確認する ························ 71
STEP 2 カードを作成する ······································· 72
STEP 3 レスポンシブWebデザインに対応させる ············· 88

STEP 1 編集するWebページを確認する

1 編集するWebページの確認

Webページ「index.html」のお知らせを、リスト形式からカード型デザインに変更します。

●広い画面幅
（パソコンでの表示）

●狭い画面幅
（スマートフォンでの表示）

カードの並びが変わる

●マウスポイント時

カードが拡大する

STEP 2 カードを作成する

1 カード型デザインの特徴

カード型デザインとは、情報を1枚のカードにまとめて、それを複数枚レイアウトしたものです。カードを整然と並べることで、情報を伝わりやすくする効果が生まれます。
現在のWebサイトのお知らせでは、掲載日、見出し、概要が一列に並んでいるリスト形式で情報を掲載しています。これらの情報を視覚的にわかりやすく整理し、さらに新商品やイベントの案内などは画像も一緒に掲載できるよう、HTMLとCSSを修正してカード型デザインに変更します。

2 フレックスボックスレイアウトの設定

お知らせ3件分の情報を、フレックスボックスレイアウトを使って、それぞれ1枚ずつカードにして配置しましょう。
「index.html」で、section要素（ID：info）の中にdiv要素（ID：info_card）を記述し、フレックスボックスレイアウトのコンテナにします。その中に、アイテムとしてa要素を使ってカードを作成し、それぞれリンクを設定します。

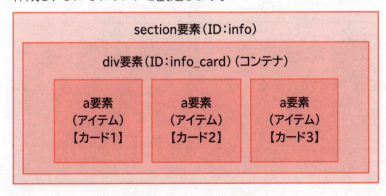

HTMLファイル「index.html」を編集して、div要素（ID：info_card）を記述し、3件のお知らせページのリンクを設定しましょう。次に、CSSファイル「style.css」を編集して、ID「info_card」を作成し、次のスタイルを設定しましょう。

● リンク

対象	リンク先
1つ目のa要素	info/calendar.html
2つ目のa要素	info/yukata.html
3つ目のa要素	info/specialmenu.html

● スタイル

スタイル	値
表示形式	フレックスボックスレイアウトで表示（flex）
コンテナ内のアイテムの折り返し	コンテナ内で折り返して、アイテムを複数行に分けて配置（wrap）
行列の間隔	18px
マージン（上下・左右）	0　自動（auto）
パディング（上・右・下・左）	1rem　1rem　3rem　1rem
最大幅	900px

 » フォルダー「seoto-an」のHTMLファイル「index.html」をブラウザーとコーディングソフトで、「style.css」をコーディングソフトで開いておきましょう。

①コーディングソフトで「index.html」を表示し、次のように入力します。

```
<section id="info">
    <h2>お知らせ</h2>
    <p>当店からの最新情報をご案内しています。</p>
    <div id="info_card">
        <a href="info/calendar.html">
        </a>
        <a href="info/yukata.html">
        </a>
        <a href="info/specialmenu.html">
        </a>
    </div>
    <div id="info_list">
```

※次の操作のために、上書き保存しておきましょう。
※リスト形式のお知らせは、完成後に削除します。

②コーディングソフトで「style.css」を表示し、次のように入力します。

```
/* お知らせ */

#info h2 {
    padding: 2rem 0 0.7rem 0;
}
#info_card {
    display: flex;
    flex-wrap: wrap;
    gap: 18px;
    margin: 0 auto;
    padding: 1rem 1rem 3rem 1rem;
    max-width: 900px;
}
```

※次の操作のために、上書き保存しておきましょう。

③ブラウザーでWebページを再読み込みして、編集結果を確認します。

※div要素（ID：info_card）のコンテンツは、ブラウザー上では表示されません。

POINT　emとrem

CSSで使用する単位に、「em」と「rem」があります。「px」はどんな場合もサイズが変わりませんが、「em」と「rem」は相対的にサイズが変わる単位です。

●em
「em」は、親要素のフォントサイズによって可変する単位です。

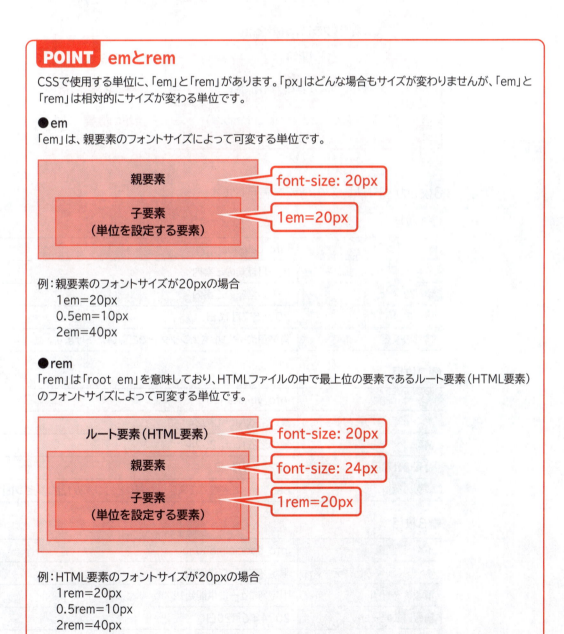

例：親要素のフォントサイズが20pxの場合
　　1em=20px
　　0.5em=10px
　　2em=40px

●rem
「rem」は「root em」を意味しており、HTMLファイルの中で最上位の要素であるルート要素（HTML要素）のフォントサイズによって可変する単位です。

例：HTML要素のフォントサイズが20pxの場合
　　1rem=20px
　　0.5rem=10px
　　2rem=40px

3 カードの作成

フレックスボックス内のカードを作成します。
1枚のカードを表すa要素にはクラス「card」、その中のイメージ画像を格納するdiv要素にはクラス「card_img」、文字情報を格納するdiv要素にはクラス「card_cont」を設定します。文字情報のうち、情報の公開日付を表示するp要素にはクラス「card_cont_day」、情報の概要を表示するp要素にはクラス「card_cont_summary」を設定します。
HTMLファイル「index.html」を編集して、次の図のようにカードを作成しましょう。

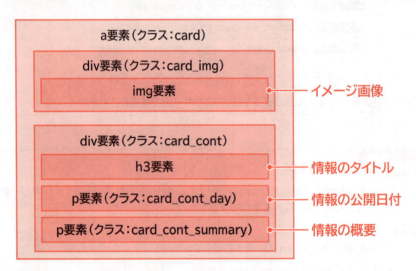

3枚のカードには、次の情報を表示します。

●1枚目

イメージ画像	info_calendar.jpg
イメージ画像の代替テキスト	8・9月営業のご案内
情報のタイトル	8・9月営業のご案内
情報の公開日付	2024年7月16日
情報の概要	営業日やイベントをカレンダーでご覧いただけます。

●2枚目

イメージ画像	info_yukata.jpg
イメージ画像の代替テキスト	夏の浴衣Night2024
情報のタイトル	夏の浴衣Night2024
情報の公開日付	2024年7月1日
情報の概要	Bar Timeに浴衣でご来店いただくとおつまみ1品プレゼント！

●3枚目

イメージ画像	info_specialmenu.jpg
イメージ画像の代替テキスト	限定メニュー提供開始！
情報のタイトル	限定メニュー提供開始！
情報の公開日付	2024年6月20日
情報の概要	Café Timeメニューに水ようかん&抹茶セットが新登場！

①コーディングソフトで「index.html」を表示し、次のように入力します。

```html
<a href="info/calendar.html" class="card">
    <div class="card_img">
        <img src="image/info_calendar.jpg" alt="8・9月営業のご案内">
    </div>
    <div class="card_cont">
        <h3>8・9月営業のご案内</h3>
        <p class="card_cont_day">2024年7月16日</p>
        <p class="card_cont_summary">営業日やイベントをカレンダーでご覧いただけます。</p>
    </div>
</a>
<a href="info/yukata.html" class="card">
    <div class="card_img">
        <img src="image/info_yukata.jpg" alt="夏の浴衣Night2024">
    </div>
    <div class="card_cont">
        <h3>夏の浴衣Night2024</h3>
        <p class="card_cont_day">2024年7月1日</p>
        <p class="card_cont_summary">Bar Timeに浴衣でご来店いただくとおつまみ1品プレゼント！</p>
    </div>
</a>
<a href="info/specialmenu.html" class="card">
    <div class="card_img">
        <img src="image/info_specialmenu.jpg" alt="限定メニュー提供開始！">
    </div>
    <div class="card_cont">
        <h3>限定メニュー提供開始！</h3>
        <p class="card_cont_day">2024年6月20日</p>
        <p class="card_cont_summary">Café Timeメニューに水ようかん&amp;抹茶セットが新登場！</p>
    </div>
</a>
```

※「Café」は「カフェ」と入力して変換します。
※「&」は文字参照を使って「&」と記述します。
※次の操作のために、上書き保存しておきましょう。

②ブラウザーでWebページを再読み込みして、編集結果を確認します。

4 カードの基本幅の計算

カードの基本幅は、計算式で記述します。

CSSの関数「calc()」を使うと、プロパティの値として計算式を指定できます。計算式では、一般的な四則計算ができるので、数値の指定ではレイアウトに支障がある場合などに使用すると便利です。例えば、コンテナの幅が100%のときに3つのアイテムを均等に配置する場合、それぞれのアイテムの幅は33.333…%となり、数値では詳細に指定できません。calc()を使うことで、この問題を解決することができます。

ここで指定する計算式では、まず全体（100%）からgapプロパティで設定した間隔18pxを2つ分引きます。残った幅を3で割ることで、a要素1つ分の基本幅が算出されます。

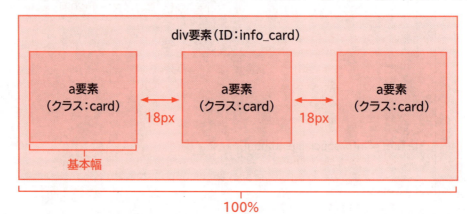

CSSファイル「style.css」を編集して、クラス「card」を作成し、次のスタイルを設定しましょう。

スタイル	値
アイテムの基本幅	calc((100% - 18px * 2) / 3)

①コーディングソフトで「style.css」を表示し、次のように入力します。

```
#info_card {

    max-width: 900px;
}
.card {
    flex-basis: calc((100% - 18px * 2) / 3);
}
```

※次の操作のために、上書き保存しておきましょう。

②ブラウザーでWebページを再読み込みして、編集結果を確認します。

> **POINT** calc()の計算式の記述ルール
>
> calc()を使って計算式を記述する際には、「+」(加算)と「-」(減算)の演算子の前後に必ず半角空白を入力します。
>
> ```
> × calc(100%-50px)
> ○ calc(100% - 50px)
> ```
>
> ※「*」(乗算)や「/」(除算)の前後の半角空白の入力はどちらでもかまいませんが、加算や減算と並べて記述する場合、入力しておくと統一感が出てコードが見やすくなります。

5 オーバーフロー時の動作の設定

オーバーフローとは、要素の内容が多すぎて、要素のサイズ内におさまらずあふれた状態をいいます。要素がオーバーフローしたときの動作は、「overflowプロパティ」を使って設定します。

■overflowプロパティ

要素の内容がオーバーフローしたときの動作を設定します。

> overflow：オーバーフロー時の動作

設定できる主な動作は、次のとおりです。

動作	説明
visible	あふれた部分を切り取らずに表示（初期値）
hidden	あふれた部分を切り取って表示
scroll	スクロールすることであふれた部分を表示 ※スクロールバーが常に表示されます。
auto	ブラウザーの設定に依存

例：p要素のあふれた部分を切り取って表示
　　p {overflow: hidden;}

カードのa要素には4つの角を丸くする設定をしますが、その中にimg要素で長方形の画像を挿入すると、画像の左上と右上がa要素からあふれた状態となります。overflowプロパティの値をhiddenに設定することで、あふれた画像の角の部分が切り取られます。

●設定前　　　　　　　　　　　●設定後

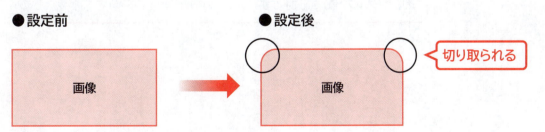

CSSファイル「**style.css**」を編集して、各カードのa要素に設定したクラス「**card**」に、次のスタイルを設定しましょう。

スタイル	値
4つの角を丸くする	半径10px
オーバーフロー時の動作	あふれた部分を切り取って表示（hidden）
影	横方向のずれ幅：0 縦方向のずれ幅：4px ぼかし幅：8px 影の色：半透明の黒色（rgba(0, 0, 0, 0.1)）

①コーディングソフトで「**style.css**」を表示し、次のように入力します。

```
.card {
    flex-basis: calc((100% - 18px * 2) / 3);
    border-radius: 10px;
    overflow: hidden;
    box-shadow: 0 4px 8px rgba(0, 0, 0, 0.1);
}
```

※次の操作のために、上書き保存しておきましょう。

②ブラウザーでWebページを再読み込みして、編集結果を確認します。

POINT　半透明な色の設定

影の色に半透明な色を設定するには、box-shadowプロパティの値に「rgba()」を使います。RGBの3つの色を「,」（カンマ）で区切って記述したあとに、0（完全に透明）から1（完全に不透明）までの透明度（アルファ値）を記述します。

6　文字列があふれたときの動作の設定

文字列がボックスからあふれないようにするために、「overflow-wrapプロパティ」を設定します。

現在の「index.html」では、overflow-wrapプロパティを設定してもしなくても表示は変わりません。しかし、カードの横幅が狭いため、長い英単語やURLを記載したときには表示が崩れてしまうことがあります。今後のWebサイトの更新を考慮して、設定しましょう。

■ overflow-wrapプロパティ

要素内の文字列がボックスからあふれたときの動作を設定します。

> **overflow-wrap：文字列がボックスからあふれたときの動作**

設定できる動作は、次のとおりです。

動作	説明
normal	単語間の空白で改行（初期値）
anywhere	ほかに分割可能な箇所がない場合、長い単語などの任意の場所で分割して改行 ※改行位置によってボックスの最小サイズが変わります。
break-word	ほかに分割可能な箇所がない場合、長い単語などの任意の場所で分割して改行 ※改行位置によってボックスの最小サイズが変わりません。

例：p要素の文字列がボックスからあふれる場合、ボックスの最小サイズが変わらないように任意の場所で分割して改行
　　p {overflow-wrap: break-word;}

CSSファイル「style.css」を編集して、各カードのa要素に設定したクラス「card」に、次のスタイルを設定しましょう。

スタイル	値
文字列がボックスからあふれたときの動作	ほかに分割可能な箇所がない場合、長い単語などの任意の場所で分割して改行（改行位置によってボックスの最小サイズが変わらない）(break-word)

①コーディングソフトで「style.css」を表示し、次のように入力します。

```
.card {
    flex-basis: calc((100% - 18px * 2) / 3);
    border-radius: 10px;
    overflow: hidden;
    box-shadow: 0 4px 8px rgba(0, 0, 0, 0.1);
    overflow-wrap: break-word;
}
```

※次の操作のために、上書き保存しておきましょう。

②ブラウザーでWebページを再読み込みして、編集結果を確認します。

※ブラウザー上での表示に変化はありません。

 次に進む前に必ず操作しよう

CSSファイル「**style.css**」を編集して、各カードのa要素に設定したクラス「**card**」に、次のスタイルを設定しましょう。

スタイル	値
背景色	白色（#ffffff）
文字色	灰色（#333333）
文字列の装飾	なし（none）

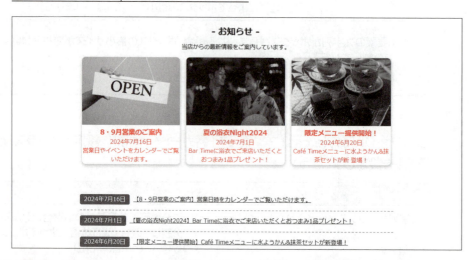

操作手順

コーディングソフトで「**style.css**」を表示し、次のように入力します。

```
.card {
    flex-basis: calc((100% - 18px * 2) / 3);
    border-radius: 10px;
    overflow: hidden;
    box-shadow: 0 4px 8px rgba(0, 0, 0, 0.1);
    overflow-wrap: break-word;
    background-color: #ffffff;
    color: #333333;
    text-decoration: none;
}
```

※上書き保存して、ブラウザーで編集結果を確認しておきましょう。

7 画像のはめ込み

カード内の要素の表示を整えていきます。

今回使用したイメージ画像は、すべて同じサイズに揃っています。しかし、今後の更新時に、毎回同じサイズの画像が用意できるとは限りません。そのような場合、画像が必ず同じサイズになるように、切り取ったり拡大縮小したりするなどのはめ込み方法を設定しておくとよいでしょう。はめ込み方法の設定には、「**object-fitプロパティ**」を使います。

■object-fitプロパティ

要素をどのようにはめ込むかを設定します。

> object-fit：はめ込み方法

設定できる方法は、次のとおりです。

方法	説明
fill	余白を出さず、要素全体が表示されるように拡大縮小（初期値） ※縦横比が変わることがあります。
contain	要素全体が表示されるように拡大縮小し、不足する部分に余白ができる
cover	余白がないように要素を拡大縮小し、あふれた部分は切り取る
none	等倍の大きさで表示するが、あふれる場合は切り取り、不足する場合は余白ができる
scale-down	等倍の大きさで表示するが、あふれる場合は縮小し、不足する場合は余白ができる

例：img要素を、余白がないように拡大縮小して幅400px・高さ400pxで表示（あふれた部分を切り取る）

```
img {
    width: 400px;
    height: 400px;
    object-fit: cover;
}
```

CSSファイル「**style.css**」を編集して、各カードに設定したクラス「**card_img**」の中のimg要素（イメージ画像）に、次のスタイルを設定しましょう。

スタイル	値
幅	100%
要素のはめ込み方法	余白がないように要素を拡大縮小し、あふれた部分は切り取る（cover）

①コーディングソフトで「**style.css**」を表示し、次のように入力します。

```
.card {

    text-decoration: none;
}
.card_img img {
    width: 100%;
    object-fit: cover;
}
```

※次の操作のために、上書き保存しておきましょう。

②ブラウザーでWebページを再読み込みして、編集結果を確認します。

※ブラウザー上での表示に変化はありません。

 次に進む前に必ず操作しよう

CSSファイル「**style.css**」を編集して、カード内のそれぞれのパーツにクラスを作成し、次のスタイルを設定しましょう。

●1枚目のカード

●クラス「card_cont」
（文字情報部分）

スタイル	値
パディング（上下・左右）	10px　12px
行揃え	左揃え（left）

●クラス「card_cont」の中のh3要素
（情報のタイトル）

スタイル	値
フォントサイズ	1.2rem
フォントの太さ	700
マージン（下）	0.5rem

●クラス「card_cont_day」
（情報の公開日付）

スタイル	値
フォントサイズ	親要素より1段階小さく（smaller）
フォントの太さ	700
文字色	灰色（#888888）
マージン（下）	0.5rem

●クラス「card_cont_summary」
（情報の概要）

スタイル	値
行の高さ	1.5
マージン（下）	0.5rem

操作手順

コーディングソフトで「**style.css**」を表示し、次のように入力します。

```css
.card_img img {
    width: 100%;
    object-fit: cover;
}
.card_cont {
    padding: 10px 12px;
    text-align: left;
}
.card_cont h3 {
    font-size: 1.2rem;
    font-weight: 700;
    margin-bottom: 0.5rem;
}
.card_cont_day {
    font-size: smaller;
    font-weight: 700;
    color: #888888;
    margin-bottom: 0.5rem;
}
.card_cont_summary {
    line-height: 1.5;
    margin-bottom: 0.5rem;
}
```

※上書き保存して、ブラウザーで編集結果を確認しておきましょう。

8 マウスでポイントしたときの動作の設定

カードをマウスでポイントしたときに、カードがゆっくりと拡大する動きを付けます。
CSSファイル「**style.css**」を編集して、クラス「**card**」にトランジションを設定しましょう。また、クラス「**card**」の擬似クラス「**:hover**」を作成して、マウスでポイントしたときの動作を設定しましょう。

●クラス「card」

スタイル	値
トランジション	変化の対象：すべて (all) 変化にかかる時間：0.3秒 (s) 変化の速度：変化の開始時は遅く、徐々に加速し、減速して終了する (ease-in-out)

●クラス「card」の擬似クラス「:hover」

スタイル	値
変形	1.04倍の大きさにする
影	横方向のずれ幅：0 縦方向のずれ幅：7px ぼかし幅：15px 影の色：半透明の黒色 (rgba(0, 0, 0, 0.25))

①コーディングソフトで「**style.css**」を表示し、次のように入力します。

```css
.card {
    flex-basis: calc((100% - 18px * 2) / 3);
    border-radius: 10px;
    overflow: hidden;
    box-shadow: 0 4px 8px rgba(0, 0, 0, 0.1);
    overflow-wrap: break-word;
    background-color: #ffffff;
    color: #333333;
    text-decoration: none;
    transition: all 0.3s ease-in-out;
}
```

```css
.card_cont_summary {
    line-height: 1.5;
    margin-bottom: 0.5rem;
}
.card:hover {
    transform: scale(1.04);
    box-shadow: 0 7px 15px rgba(0, 0, 0, 0.25);
}
```

※次の操作のために、上書き保存しておきましょう。

②ブラウザーでWebページを再読み込みして、編集結果を確認します。

※画像をマウスでポイントした状態を確認しましょう。

9 お知らせの背景の設定

カードの文字情報を表示する部分の背景とWebページの背景が同じ白色のため、カードが目立ちません。お知らせのsection要素に背景色を設定し、カードが引き立つようにします。CSSファイル「**style.css**」を編集して、お知らせのsection要素に設定してあるID「**info**」の背景色に薄い水色（#cde2f0）を設定しましょう。

①コーディングソフトで「**style.css**」を表示し、次のように入力します。

```
/* お知らせ */
#info {
    justify-content: center;
    align-items: center;
    width: 100%;
    background-color: #cde2f0;
}
```

※次の操作のために、上書き保存しておきましょう。

②ブラウザーでWebページを再読み込みして、編集結果を確認します。

10 お知らせリストの削除

従来のリスト形式のお知らせを削除します。
HTMLファイル「**index.html**」を編集して、HTMLの記述を削除しましょう。次に、CSSファイル「**style.css**」を編集して、リスト形式のお知らせの装飾用に設定したCSSの記述を削除しましょう。

①コーディングソフトで「**index.html**」を表示し、次の部分を削除します。

```
<div id="info_list">
    <ul>
        <li><span>2024年7月16日</span><a href="info/calendar.html">【8・9月営業のご案内】営業日時をカレンダーでご覧いただけます。</a></li>
        <li><span>2024年7月1日</span><a href="info/yukata.html">【夏の浴衣Night2024】Bar Timeに浴衣でご来店いただくとおつまみ1品プレゼント！</a></li>
        <li><span>2024年6月20日</span><a href="info/specialmenu.html">【限定メニュー提供開始】Café Timeメニューに水ようかん&amp;抹茶セットが新登場！</a></li>
    </ul>
</div>
```

※次の操作のために、上書き保存しておきましょう。

②コーディングソフトで「style.css」を表示し、次の部分を削除します。

```css
#info_list {
    max-width: 900px;
    margin: 20px auto 0 auto;
    text-align: left;
    padding: 0 10px 50px 10px;
    line-height: 200%;
}
#info_list ul {
    list-style-type: none;
}
#info_list li {
    border-bottom: 2px #cccccc dashed;
    padding: 12px 0;
}
#info_list span {
    background-color: #777777;
    padding: 2px 12px;
    margin-right: 10px;
    border-radius: 5px;
    color: #ffffff;
}
#info_list a {
    color: #0c3f4f;
}
#info_list a:hover {
    color: #367e95;
    text-decoration: none;
}
```

```css
/* 768px以下の場合 */
@media(max-width: 768px) {

    /* お知らせ */
    #info_list span {
        display: block;
        width: fit-content;
    }
```

※次の操作のために、上書き保存しておきましょう。

③ブラウザーでWebページを再読み込みして、編集結果を確認します。

STEP 3 レスポンシブWebデザインに対応させる

1 狭い画面幅への対応

狭い画面幅でカードを表示したときに、3枚が横並びになっていると1枚当たりの幅が狭くなり、イメージ画像が小さくなったり、文字の折り返しが多く発生したりします。
ここでは、画面幅が768px以下の場合のクラス「**card**」のアイテムの基本幅を設定します。狭い画面幅で表示したときには、横方向に並ぶカードの数が2枚になるように設定しましょう。3枚目のカードは、折り返され下段へ移動するようにします。
CSSファイル「**style.css**」を編集して、クラス「**card**」を作成し、次のスタイルを設定しましょう。

スタイル	値
アイテムの基本幅	calc((100% - 18px) / 2)

●画面幅が768px以下の場合

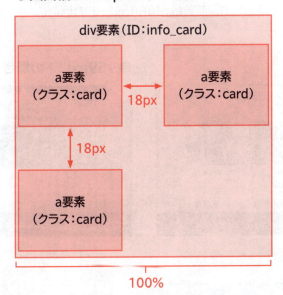

①コーディングソフトで「**style.css**」を表示し、次のように入力します。

```css
/* 768px以下の場合 */
@media(max-width: 768px) {

    /* メニューボタン */
    #menu_btn {
        flex-direction: column;
        margin: 15px 0;
    }

    /* お知らせ */
    .card {
        flex-basis: calc((100% - 18px) / 2);
    }
```

※次の操作のために、上書き保存しておきましょう。

②ブラウザーでWebページを再読み込みして、編集結果を確認します。

※画面幅を変えて、横方向に並ぶカードの枚数が切り替わることを確認しておきましょう。

 次に進む前に必ず操作しよう

CSSファイル「**style.css**」を編集して、画面幅が959px以下の場合のマージンとパディングを、次のように設定しましょう。

●広い画面幅の場合　　　　　　　　　●959px以下の場合

●クラス「card_cont」

スタイル	値
パディング（上下・左右）	10px　8px

●クラス「card_cont」の中のh3要素

スタイル	値
マージン（下）	0

●クラス「card_cont_day」とクラス「card_cont_summary」

スタイル	値
マージン（下）	0.35rem

操作手順

コーディングソフトで「**style.css**」を表示し、次のように入力します。

```css
/* 959px以下の場合 */
@media(max-width: 959px) {

    /* お知らせ */
    #info h2 {
        padding: 1rem 0;
    }
    .card_cont {
        padding: 10px 8px;
    }
    .card_cont h3 {
        margin-bottom: 0;
    }
    .card_cont_day, .card_cont_summary {
        margin-bottom: 0.35rem;
    }
}
```

※上書き保存して、ブラウザーで編集結果を確認しておきましょう。
※画面幅を変えて、画面幅が959px以下の場合でマージンとパディングが変わることを確認しておきましょう。

※すべてのファイルを閉じて、ブラウザーとコーディングソフトを終了しておきましょう。

STEP UP カードの文字数が増えたときの動き

カードの文字情報を表示する部分の文字数は、どのカードも同程度にしておくことが望ましいですが、内容によっては行数にばらつきが出てしまうことがあります。
フレックスボックスレイアウトでカード（アイテム）を作成していると、横並びで一番高いカードに合わせて、自動的に高さが調整されます。

3枚目のカードの行数に合わせて高さが変わる

STEP UP カードの枚数が増えたときの動き

カードの枚数が増えたときは、横方向に設定した表示枚数ごとに折り返され、タイル状に並びます。しかし、カード型デザインはリスト形式のお知らせと比べて高さを必要とするため、折り返されるたびにWebページが縦に長くなり、必要以上のスクロールが発生する原因にもなります。折り返しは多くても2回程度にとどめておき、古い情報はアーカイブページなどを設けて移動するようにしましょう。

STEP UP 要素の幅と高さの計算方法

画面幅に応じてレイアウトを変更する場合には、ボックスのサイズのほかにパディングやボーダーのサイズも考慮しておかないと、表示が崩れてしまうことがあります。「box-sizingプロパティ」でborder-boxを設定しておくと、パディングとボーダーを含んだ数値でボックスのサイズを設定できるため、計算が容易になる場合があります。

※Webサイト「Café&Bar 瀬音庵」では、CSSファイル「reset.css」でbox-sizingプロパティの値をborder-boxに設定しています。

■ box-sizingプロパティ

ボックスの幅と高さの計算方法を設定します。

box-sizing：計算方法

設定できる計算方法は、次のとおりです。

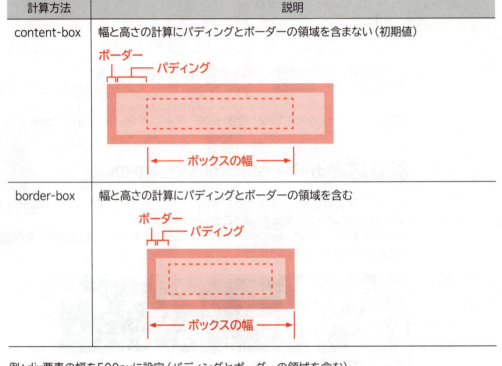

計算方法	説明
content-box	幅と高さの計算にパディングとボーダーの領域を含まない（初期値）
border-box	幅と高さの計算にパディングとボーダーの領域を含む

例：div要素の幅を500pxに設定（パディングとボーダーの領域を含む）
```
div {
    box-sizing: border-box;
    width: 500px;
}
```

第7章

ナビゲーションメニューの作成

STEP 1	編集するWebページを確認する	93
STEP 2	セレクタの結合子を記述する	94
STEP 3	プルダウンメニューを作成する	97
STEP 4	ハンバーガーメニューを作成する	103
STEP 5	ヘッダーを固定する	122

STEP 1 編集するWebページを確認する

1 編集するWebページの確認

Webページのヘッダー内にあるナビゲーションメニューについて、次のように設定します。

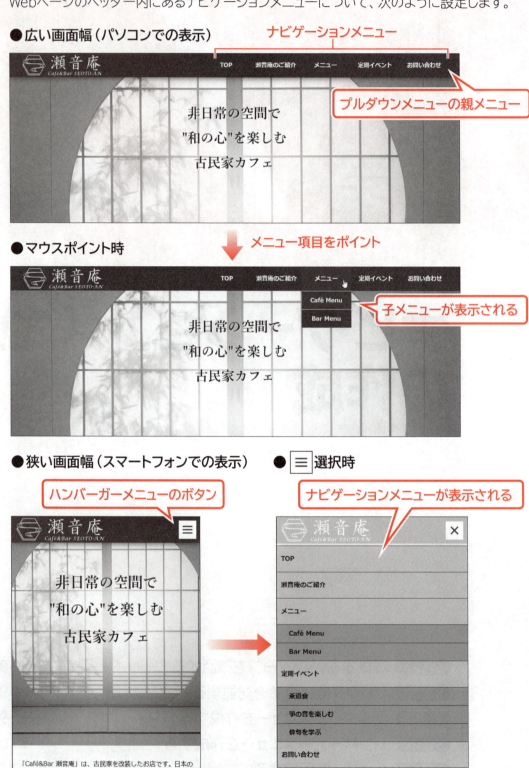

※プルダウンメニューについては、P.97「STEP3 プルダウンメニューを作成する」、ハンバーガーメニューについては、P.103「STEP4 ハンバーガーメニューを作成する」を参照してください。

STEP 2 セレクタの結合子を記述する

1 セレクタの結合子

プルダウンメニューやハンバーガーメニューを作成する場合、様々な要素にスタイルを設定します。
特定の要素にだけスタイルを設定したい場合などに、複数のセレクタを「**結合子**」を使ってつなぐと、CSSの宣言の適用対象を絞り込むことができます。
セレクタの結合子の使い方について確認しましょう。

1 単独の要素

セレクタを1つ記述します。
例：p要素の文字色を赤色（#ff0000）に設定

●CSS

```
p {color: #ff0000;}
```

●HTML

```
<p>テキスト</p>
```

●表示結果

テキスト

2 子孫結合子

親要素内に含まれる、特定の要素すべてに対して宣言を適用する場合は、「**子孫結合子**」を使います。子孫結合子は、セレクタ間を半角空白でつないで表します。子要素だけでなく、孫要素以降も含め、中に含まれる要素すべてが対象です。
例：クラス「**shison**」が設定されたdiv要素（親要素）の中のすべてのp要素の文字色を赤色（#ff0000）に設定

●CSS

```
div.shison p {color: #ff0000;}
```

94

●HTML

```
<div class="shison">
    <p>子要素のテキスト</p>
    <div>
        <p>孫要素のテキスト</p>
    </div>
</div>
```

●表示結果

子要素のテキスト

孫要素のテキスト

3 子結合子

親要素に含まれる子要素に対して宣言を適用する場合は、「**子結合子**」を使います。子結合子は、セレクタ間を結合子「>」でつないで表します。「>」の前後には半角空白を記述します。孫要素以降には宣言が適用されません。

例：クラス「**ko**」が設定されたdiv要素（親要素）の子要素であるp要素の文字色を赤色 （#ff0000）に設定

●CSS

```
div.ko > p {color: #ff0000;}
```

●HTML

```
<div class="ko">
    <p>子要素のテキスト</p>
    <div>
        <p>孫要素のテキスト</p>
    </div>
</div>
```

●表示結果

子要素のテキスト

孫要素のテキスト

4 隣接兄弟結合子（次兄弟結合子）

特定の要素と同じ階層にあり、かつその要素の直後に記述された要素に対して宣言を適用する場合は、「**隣接兄弟結合子**」（次兄弟結合子）を使います。隣接兄弟結合子は、セレクタ間を結合子「+」でつないで表します。「+」の前後には半角空白を記述します。

例：h2要素と同じ階層にあり、かつh2要素の直後に記述されたp要素の文字色を赤色
（#ff0000）に設定

●CSS

```
h2 + p {color: #ff0000;}
```

●HTML

```
<h2>見出し</h2>
<p>テキスト1</p>
<p>テキスト2</p>
<p>テキスト3</p>
```

●表示結果

見出し

テキスト1

テキスト2

テキスト3

5 後続兄弟結合子

特定の要素と同じ階層にあり、かつその要素以降に記述された要素に対して宣言を適用する場合は、**「後続兄弟結合子」**を使います。後続兄弟結合子は、セレクタ間を結合子**「~」**（チルダ）でつないで表します。「~」の前後には半角空白を記述します。

例：h2要素と同じ階層にあり、かつh2要素以降に記述されたp要素の文字色を赤色
（#ff0000）に設定

●CSS

```
h2 ~ p {color: #ff0000;}
```

●HTML

```
<h2>見出し</h2>
<p>テキスト1</p>
<p>テキスト2</p>
<p>テキスト3</p>
```

●表示結果

見出し

テキスト1

テキスト2

テキスト3

STEP 3 プルダウンメニューを作成する

1 プルダウンメニューの概要

Webページのナビゲーションメニューを見ると、「**TOP**」「**瀬音庵のご紹介**」「**メニュー**」「**定期イベント**」「**お問い合わせ**」の5つの項目が配置されています。

「**メニュー**」のWebページには、「**Café Menu**」と「**Bar Menu**」がありますが、ナビゲーションメニューから移動したあと、それぞれのメニューを表示するためにスクロールする必要があります。また、「**茶道会**」「**箏の音を楽しむ**」「**俳句を学ぶ**」の3つのイベントを紹介するWebページを見るには、「**定期イベント**」のWebページを経由する必要があり、トップページから直接移動することができません。
この問題を解消する方法として、ナビゲーションメニューの項目を追加することが考えられますが、項目を増やすためのスペースが足りません。また、項目を増やしても分類されていなければ、ユーザーが必要な情報にたどり着くことができません。
このようなときには、「**プルダウンメニュー**」（ドロップダウンメニュー）を活用する方法があります。プルダウンメニューは、マウスでメニュー（親メニュー）をポイントすると、関連するメニュー（子メニュー）が表示される仕組みのことです。親メニューをクリックすると子メニューが開くパターンや、子メニューのさらに下に孫メニューを追加するパターンなど、様々な形式のプルダウンメニューを作成できます。

2 子メニューの追加

ナビゲーションメニューの項目「**メニュー**」の利便性を高めるために、子メニューとして「menu.html」のページ内リンク「**Café Menu**」と「**Bar Menu**」を追加します。また、項目「**定期イベント**」の詳細ページへの導線を設定するため、「**茶道会**」「**箏の音を楽しむ**」「**俳句を学ぶ**」を追加します。

親メニューはul要素とli要素を使ったリストで作成しています。親メニューの該当する項目のli要素の中に、入れ子でul要素とli要素を記述することで、子メニューを作ることができます。「index.html」を編集して、次のように子メニューを追加しましょう。

●div要素（ID：gnavi）の構成

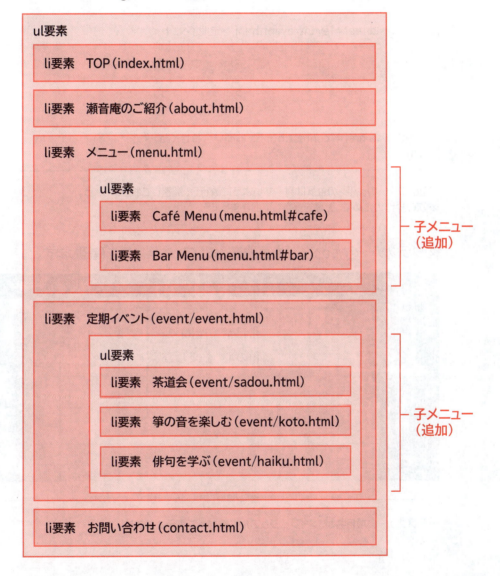

» フォルダー「seoto-an」のHTMLファイル「index.html」をブラウザーとコーディングソフトで、CSSファイル「style.css」をコーディングソフトで開いておきましょう。

①コーディングソフトで「index.html」を表示し、次のように入力します。

```html
<ul>
    <li><a href="index.html">TOP</a></li>
    <li><a href="about.html">瀬音庵のご紹介</a></li>
    <li><a href="menu.html">メニュー</a>
        <ul>
            <li><a href="menu.html#cafe">Café Menu</a></li>
            <li><a href="menu.html#bar">Bar Menu</a></li>
        </ul>
    </li>
    <li><a href="event/event.html">定期イベント</a>
        <ul>
            <li><a href="event/sadou.html">茶道会</a></li>
            <li><a href="event/koto.html">箏の音を楽しむ</a></li>
            <li><a href="event/haiku.html">俳句を学ぶ</a></li>
        </ul>
    </li>
    <li><a href="contact.html">お問い合わせ</a></li>
</ul>
```

※親メニューの</li>の位置は見やすいように改行し、調整しておきましょう。
※次の操作のために、上書き保存しておきましょう。

②ブラウザーでWebページを再読み込みして、編集結果を確認します。

※子メニューの項目名が、メインビジュアルに重なって表示されます。

3 スタイルの適用対象の変更

当初のWebサイトは子メニューを想定していないつくりのため、子メニューが親メニューのフレックスボックスレイアウトのスタイルを引き継いでいます。
親メニューだけフレックスボックスレイアウトが適用されるように、CSSファイル「**style.css**」を編集して、次のように結合子を変更しましょう。

●ID「gnavi」の中のul要素
親メニューのul要素だけにスタイルを適用するため、セレクタ間を子孫結合子→子結合子に変更

●ID「gnavi」の中のul要素の中のli要素
親メニューのli要素だけにスタイルを適用するため、セレクタ間をすべて子孫結合子→子結合子に変更

①コーディングソフトで「**style.css**」を表示し、次のように入力します。

```
/* ナビゲーションメニュー */
nav {
    float: right;
}
#gnavi > ul {
    display: flex;
    height: 65px;
    width: 690px;
}
#gnavi > ul > li {
    width: 20%;
}
```

※次の操作のために、上書き保存しておきましょう。

②ブラウザーでWebページを再読み込みして、編集結果を確認します。

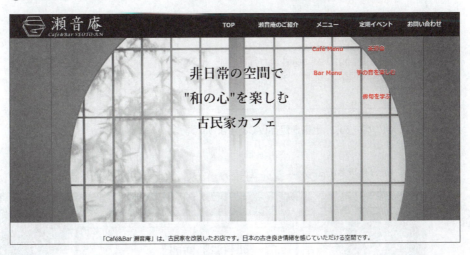

4 子メニューのスタイルの作成

子メニューに適用するスタイルを作成します。高さを0に設定し、オーバーフロー時にはあふれた部分を切り取って表示することで、通常時には子メニューが表示されなくなります。CSSファイル「**style.css**」を編集して、各要素に次のスタイルを設定しましょう。

● ID「gnavi」の中のli要素の中のli要素

スタイル	値
背景色	濃い水色（#305662）
高さ	0
オーバーフロー時の動作	あふれた部分を切り取って表示（hidden）

※正確な構造としては、ID「gnavi」の中のul要素の中のli要素の中のul要素の中のli要素となりますが、適用するセレクタを特定できていれば、途中を省略することができます。ここでは、ul要素を省略して記述します。

● ID「gnavi」の中のli要素の中のli要素の中のa要素

スタイル	値
ボーダー（上）	1px　実線（solid）　白色（#ffffff）
行の高さ	50px

※同様に、セレクタのul要素を省略して記述します。

①コーディングソフトで「**style.css**」を表示し、次のように入力します。

```css
#gnavi li:hover {
    background-color: #775338;
}

/* ナビゲーションメニュー 子メニュー */
#gnavi li li {
    background-color: #305662;
    height: 0;
    overflow: hidden;
}
#gnavi li li a {
    border-top: 1px solid #ffffff;
    line-height: 50px;
}
```

※次の操作のために、上書き保存しておきましょう。

②ブラウザーでWebページを再読み込みして、編集結果を確認します。

※ここでは、子メニューは表示されません。設定したスタイルは、次の操作で確認できます。

5 マウスでポイントしたときの表示の設定

現在は、親メニューをマウスでポイントしたときに、子メニューは表示されません。親メニューをマウスでポイントしたときのスタイルを追加することで、子メニューが表示されるようになります。また、トランジションで子メニューが滑らかに表示されるようにします。CSSファイル「**style.css**」を編集して、各要素に次のスタイルを設定しましょう。

● ID「gnavi」の中のli要素の中のli要素

スタイル	値
変化にかかる時間	0.3秒（s）

※セレクタのul要素を省略して記述します。

● ID「gnavi」の中のli要素（擬似クラス「:hover」時）の中のli要素

スタイル	値
高さ	50px
オーバーフロー時の動作	あふれた部分を切り取らずに表示（visible）

※セレクタのul要素を省略して記述します。

● 通常時

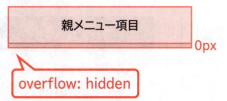

● マウスポイント時

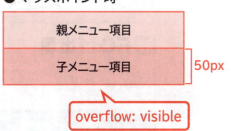

① コーディングソフトで「**style.css**」を表示し、次のように入力します。

```css
/* ナビゲーションメニュー 子メニュー */
#gnavi li li {
    background-color: #305662;
    height: 0;
    overflow: hidden;
    transition-duration: 0.3s;
}
#gnavi li li a {
    border-top: 1px solid #ffffff;
    line-height: 50px;
}
#gnavi li:hover li {
    height: 50px;
    overflow: visible;
}
```

※次の操作のために、上書き保存しておきましょう。

② ブラウザーでWebページを再読み込みして、編集結果を確認します。

※「メニュー」や「定期イベント」をマウスでポイントしたとき、子メニューが表示されることを確認しましょう。メニューをクリックしたとき、Webページが遷移することを確認しましょう。

STEP 4 ハンバーガーメニューを作成する

1 ハンバーガーメニューの概要

現在のWebサイトのヘッダーを狭い画面幅で表示すると、ロゴマークとナビゲーションメニューを横に並べて表示するスペースがないため、ロゴマークとナビゲーションメニューが2行で表示されるようになっています。ナビゲーションメニューの文字も小さく表示されるように設定されていますが、どんな画面で表示しても、すべての文字が画面内におさまるとは限りません。

このようなときには、「ハンバーガーメニュー」を活用する方法があります。スマートフォン向けのWebサイトでよく見られる表示形式で、3本の横線が並んだボタンをクリックすると、ナビゲーションメニューが表示されるというものです。3本の横線がハンバーガーのバンズ（パン）とパティ（挟まれた肉）のように見えることから、ハンバーガーメニューと呼ばれています。2本線のパターンや横線ではなく点が縦に3つ並んだデザイン、キャラクターを模したものなど、デザインのバリエーションも多くあります。

●ハンバーガーメニューの例

2 ハンバーガーメニューの構成

ハンバーガーメニューは、一般的にボタンとナビゲーションメニューで構成されます。
ここでは、ハンバーガーメニューのボタンを押すと、画面の右側から左方向に向けてナビゲーションメニューが表示され、再度ボタンを押すと、画面の右側へ戻って非表示になるようにします。
また、広い画面幅では、ナビゲーションメニューの親メニューが横方向に並び、子メニューが縦方向に並んで表示されていました。これを、狭い画面幅ではハンバーガーメニューの表示に合わせて、すべて縦方向に並ぶように設定します。

●ハンバーガーメニューを開いた状態

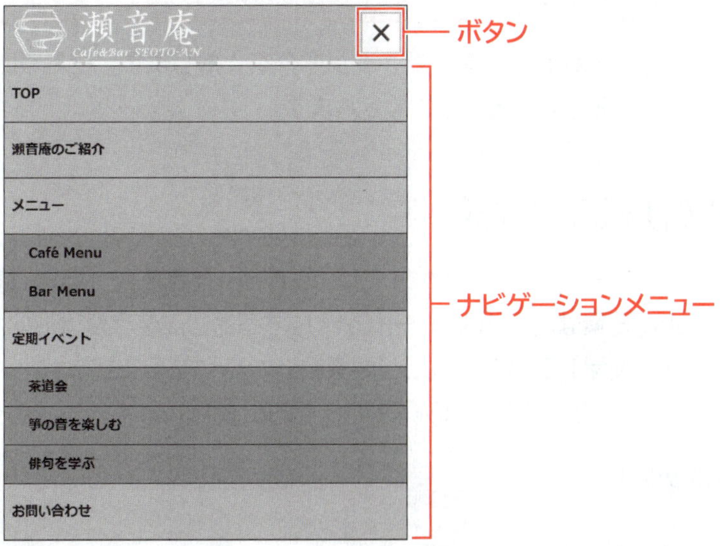

── ボタン

── ナビゲーションメニュー

3 ハンバーガーメニューを作成する手順

本書では、次のような手順でハンバーガーメニューを作成します。

1 ボタンの作成

開閉の仕組みの作成

チェックボックスのラベルをクリックしてオン・オフができる動作を使って、ボタンの開閉の仕組みを作成します。

ボタンの配置

ボタンをヘッダーの右上に固定して配置します。

ボタンの三本線と×マークの作成

ボタンの中に表示する三本線を作成し、ボタンを押すと×マークに変化するように設定します。

2 ナビゲーションメニューの設定

ナビゲーションメニューの配置と重なり順の設定

ボタンを押すと表示されるナビゲーションメニューの配置と重なり順を設定します。

ナビゲーションメニューの動作の設定

ボタンを押すと、画面の右側から左方向に向けてナビゲーションメニューが表示されるように設定します。

ナビゲーションメニューの表示の設定

メニュー項目が縦方向に表示されるように設定します。

4 ボタンの作成

CSSファイル「style.css」を編集して、ボタン部分を作成します。ボタンは、画面幅が959px以下になったときに表示されるように設定します。

1 開閉の仕組みの作成

ハンバーガーメニューのボタンを作成するには、「input要素」と「label要素」を使います。input要素とlabel要素は、通常はフォームを作成するときに使う要素ですが、ここではチェックボックス（input要素）のラベル（label要素）をクリックすることでオン・オフができる動作を応用して、ハンバーガーメニューの開閉の仕組みに使用します。

●チェックボックス

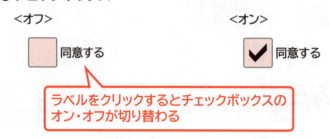

●ハンバーガーメニュー

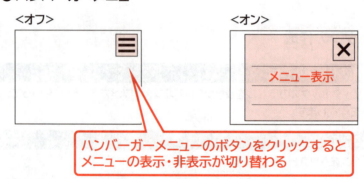

HTMLファイル「index.html」を編集して、nav要素の中に、チェックボックスとラベルを配置しましょう。ラベルをクリックしたときに、チェックボックスのオンとオフが切り替わるように、チェックボックス（input要素）のID属性とラベル（label要素）のfor属性を一致させます。

●input要素

要素	内容
input	ID：sp_gnavi_check タイプ：checkbox

●label要素

要素	内容
label	ID：sp_gnavi_btn for：sp_gnavi_check

①コーディングソフトで「index.html」を表示し、次のように入力します。

```
<nav>
    <input id="sp_gnavi_check" type="checkbox">
    <label id="sp_gnavi_btn" for="sp_gnavi_check">
    </label>
    <div id="gnavi">
        <ul>
```

※次の操作のために、上書き保存しておきましょう。

②ブラウザーでWebページを再読み込みして、編集結果を確認します。

※チェックボックスを配置した影響で、現時点ではナビゲーションメニューとメインビジュアルの位置がずれています。
※チェックボックスのオン・オフが切り替わることを確認しておきましょう。

2 チェックボックスの非表示

ハンバーガーメニューの開閉の動作には、チェックボックスを操作する必要はありません。CSSファイル「style.css」を編集して、チェックボックスを非表示にしましょう。input要素に設定してあるID「sp_gnavi_check」の表示形式を「表示しない」(none)に設定します。

①コーディングソフトで「style.css」を表示し、次のように入力します。

```
#gnavi li:hover li {
    height: 50px;
    overflow: visible;
}

/* ハンバーガーメニュー */
#sp_gnavi_check {
    display: none;
}
```

※次の操作のために、上書き保存しておきましょう。

②ブラウザーでWebページを再読み込みして、編集結果を確認します。

※チェックボックスが非表示になり、表示のずれが元に戻っていることを確認します。

❸ ボタンの配置

現在は、label要素には何も設定されていないため、ボタンは非表示になっています。ボタンに書式を設定し、ヘッダーの右上に固定してボタンが表示されるように配置します。
CSSファイル「**style.css**」を編集して、label要素に設定してあるID「**sp_gnavi_btn**」を作成し、次のスタイルを設定しましょう。

スタイル	値
要素の位置	ブラウザーの表示領域を基準に配置（fixed）
上	10px
右	10px
高さ	45px
幅	45px
背景色	白色（#ffffff）

①コーディングソフトで「**style.css**」を表示し、次のように入力します。

```
/* 959px以下の場合 */
@media(max-width: 959px) {
    /* ハンバーガーメニュー ボタン部分 */
    #sp_gnavi_btn {
        position: fixed;
        top: 10px;
        right: 10px;
        height: 45px;
        width: 45px;
        background-color: #ffffff;
    }
```

※次の操作のために、上書き保存しておきましょう。

②ブラウザーでWebページを再読み込みして、編集結果を確認します。

※画面幅を変えて、ハンバーガーメニューのボタンを確認しましょう。

POINT マウスポインターの種類

多くのブラウザーでは、a要素をマウスでポイントしたときには、マウスポインターが🖐の形に変わり、リンクであることがわかります。しかし、ハンバーガーメニューのボタンにはa要素を使用していないため、マウスでポイントするとマウスポインターが🔲の状態で表示されます。

ハンバーガーメニューは、スマートフォンなどの狭い画面幅の場合に利用されます。スマートフォンにはマウスポインター自体ありませんが、パソコンでボタンをポイントしたときに🖐の形で表示されるようにするには、「cursorプロパティ」を使います。必要に応じて設定するとよいでしょう。

■ cursorプロパティ

ポイントしたときのマウスポインターの種類を設定します。

> cursor：マウスポインターの種類

設定できる主なマウスポインターの種類は、次のとおりです。

値	表示されるマウスポインター
pointer	🖐（リンクを表す）
help	⮕（ヘルプを表す）
text	Ⅰ（テキストを表す）
move	✛（移動を表す）
grab	✋（ドラッグできることを表す）
zoom-in	🔍（拡大を表す）
zoom-out	🔍（縮小を表す）

例：img要素をポイントしたときのマウスポインターを、🖐の形に設定
img {cursor: pointer;}

4 フレックスボックスレイアウトの設定

ボタンの中の上下左右の中央位置に三本線を配置するため、label要素をコンテナとしたフレックスボックスレイアウトを設定します。

CSSファイル「**style.css**」を編集して、label要素に設定してあるID「**sp_gnavi_btn**」に、次のスタイルを設定しましょう。

スタイル	値
表示形式	フレックスボックスレイアウトで表示（flex）
アイテムの配置形式（横方向）	アイテムをコンテナの中央に寄せて配置（center）
アイテムの揃え方（縦方向）	アイテムをコンテナの中央に寄せて揃える（center）

① コーディングソフトで「**style.css**」を表示し、次のように入力します。

```
/* 959px以下の場合 */
@media(max-width: 959px) {
    /* ハンバーガーメニュー ボタン部分 */
    #sp_gnavi_btn {

        background-color: #ffffff;
        display: flex;
        justify-content: center;
        align-items: center;
    }
```

※次の操作のために、上書き保存しておきましょう。

② ブラウザーでWebページを再読み込みして、編集結果を確認します。

※ブラウザー上での表示に変化はありません。

5 三本線の作成

フレックスボックスレイアウトのコンテナであるlabel要素内に、アイテム（span要素）を作成し、ボタンの中に表示する三本線を作成します。線の表示には、「**擬似要素**」の「**::before**」と「**::after**」を使います。これらの擬似要素をセレクタのうしろに付け加えて、要素の前後にコンテンツを追加したり、特定の部分だけを指定したりしてスタイルを設定できます。
主な擬似要素には、次のようなものがあります。

擬似要素	説明
::before	要素の前に擬似的な要素を追加
::after	要素のうしろに擬似的な要素を追加
::first-letter	要素の最初の文字に設定
::first-line	要素の最初の行に設定

擬似要素「**::before**」「**::after**」を使って要素の前後にコンテンツを挿入するときには、「**contentプロパティ**」を使います。

■contentプロパティ

挿入する値を設定します。

> content：挿入する値

文字列を挿入する場合は、「"」（ダブルクォーテーション）で囲みます。
画像などをURLで指定することもできます。

例：div要素の擬似要素「::before」に「新発売！」と表示
　　div::before {content: "新発売！";}

HTMLファイル「**index.html**」を編集して、label要素内にspan要素を入力しましょう。
また、CSSファイル「**style.css**」を編集して、ID「**sp_gnavi_btn**」の中のspan要素と、その擬似要素「**::before**」「**::after**」に、次のスタイルを設定しましょう。

●ID「sp_gnavi_btn」の中のspan要素、その擬似要素「::before」「::after」

スタイル	値
挿入する値	挿入しない（""）
表示形式	ブロックで表示（block）
位置	絶対位置（absolute）
幅	25px
高さ	3px
背景色	濃い水色（#305662）

●ID「sp_gnavi_btn」の中のspan要素の擬似要素「::before」

スタイル	値
下	8px

●ID「sp_gnavi_btn」の中のspan要素の擬似要素「::after」

スタイル	値
上	8px

●三本線の構造

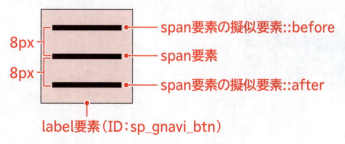

①コーディングソフトで「**index.html**」を表示し、次のように入力します。

```html
<nav>
    <input id="sp_gnavi_check" type="checkbox">
    <label id="sp_gnavi_btn" for="sp_gnavi_check">
        <span></span>
    </label>
```

※次の操作のために、上書き保存しておきましょう。

②コーディングソフトで「**style.css**」を表示し、次のように入力します。

```css
/* 959px以下の場合 */
@media(max-width: 959px) {
    /* ハンバーガーメニュー ボタン部分 */
    #sp_gnavi_btn {
```
〜〜〜〜〜〜〜〜〜〜〜〜〜〜〜〜〜〜〜〜〜〜〜〜〜〜〜〜〜〜〜〜〜〜〜〜〜
```css
        align-items: center;
    }
    #sp_gnavi_btn span, #sp_gnavi_btn span::before, #sp_gnavi_btn span::after {
        content: "";
        display: block;
        position: absolute;
        width: 25px;
        height: 3px;
        background-color: #305662;
    }
    #sp_gnavi_btn span::before {
        bottom: 8px;
    }
    #sp_gnavi_btn span::after {
        top: 8px;
    }
```

※次の操作のために、上書き保存しておきましょう。

③ブラウザーでWebページを再読み込みして、編集結果を確認します。

6 ボタンを押したときの動作の設定

ボタンを押すと、三本線がスムーズに×マークに変化するようにしましょう。ボタンが押されたかどうかは、チェックボックスがオンになったかどうかで判別できます。チェックボックスがオンのときの表示は、擬似クラス「:checked」で設定します。

ID「sp_gnavi_check」のチェックボックスがオンのとき、×マークが表示されるように設定します。また、三本線がスムーズに変化するには、ID「sp_gnavi_btn」の中のspan要素と、その擬似要素「::before」「::after」に、トランジションを設定します。

CSSファイル「style.css」を編集して、次のようにスタイルを設定しましょう。

● ID「sp_gnavi_check」が「:checked」状態のとき、以降に記述されたID「sp_gnavi_btn」の中のspan要素

スタイル	値
背景色	透明（transparent）

● ID「sp_gnavi_check」が「:checked」状態のとき、以降に記述されたID「sp_gnavi_btn」の中のspan要素の擬似要素「::before」

スタイル	値
下	0
変形	45°（deg）回転する

● ID「sp_gnavi_check」が「:checked」状態のとき、以降に記述されたID「sp_gnavi_btn」の中のspan要素の擬似要素「::after」

スタイル	値
上	0
変形	45°（deg）回転する

● ID「sp_gnavi_btn」の中のspan要素、その擬似要素「::before」「::after」

スタイル	値
トランジション	変化の対象：すべて（all） 変化にかかる時間：0.6秒（s） 変化の速度：変化の開始時は遅く、徐々に加速し、減速して終了する（ease-in-out）

● 三本線の変化

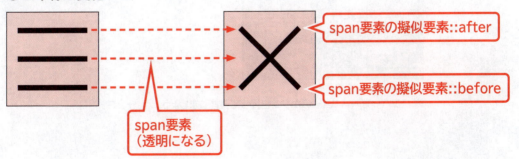

① コーディングソフトで「**style.css**」を表示し、次のように入力します。

```css
/* 959px以下の場合 */
@media(max-width: 959px) {
    /* ハンバーガーメニュー ボタン部分 */

    #sp_gnavi_btn span, #sp_gnavi_btn span::before, #sp_gnavi_btn span::after {
        content: "";
        display: block;
        position: absolute;
        width: 25px;
        height: 3px;
        background-color: #305662;
        transition: all 0.6s ease-in-out;
    }
    #sp_gnavi_btn span::before {
        bottom: 8px;
    }
    #sp_gnavi_btn span::after {
        top: 8px;
    }
    #sp_gnavi_check:checked ~ #sp_gnavi_btn span {
        background-color: transparent;
    }
    #sp_gnavi_check:checked ~ #sp_gnavi_btn span::before {
        bottom: 0;
        transform: rotate(45deg);
    }
    #sp_gnavi_check:checked ~ #sp_gnavi_btn span::after {
        top: 0;
        transform: rotate(-45deg);
    }
```

※次の操作のために、上書き保存しておきましょう。

② ブラウザーでWebページを再読み込みして、編集結果を確認します。

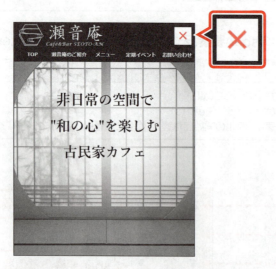

※ハンバーガーメニューのボタンを押して確認しましょう。

5 ナビゲーションメニューの設定

ハンバーガーメニューのボタンを押すと表示されるナビゲーションメニューを設定します。ナビゲーションメニューは、ボタンを押すと画面の右側から左方向に向けて表示されるようにします。再度ボタンを押すと、メニュー項目が画面の右側へ戻って非表示になるようにします。

●通常時

●ボタンを押したとき

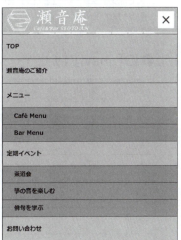

1 ナビゲーションメニューの配置と重なり順の設定

ナビゲーションメニューを配置します。ナビゲーションメニューは、ボタンのうしろに表示されるように設定します。
要素の重なり順を設定するには、「z-indexプロパティ」を使います。

■z-indexプロパティ

Z軸方向の順番を設定します。

> z-index：重なり順

初期値は「auto」（自動）です。autoの場合、親要素と同じ順番となります。
重なり順には整数の値を設定します。値が大きい要素から前面に重ねられます。
※負の値も設定できます。
※z-indexプロパティを設定する要素のpositionプロパティの値がstatic（初期値）になっている場合は、順番が正しく表示されないため、static以外を設定します。

例：img要素（要素の位置が絶対位置、重なり順が10）の上に重なるようにimg要素（要素の位置が絶対位置、重なり順が20）を配置

> p要素（z-index: 20）
>
> img要素（z-index: 10）

●HTML
```
<p class="ue">
<img src="XXXXX" alt="XXXXX" class="shita">
```

●CSS
```
.ue {position: absolute; z-index: 20;}
.shita {position: absolute; z-index: 10;}
```

CSSファイル「**style.css**」を編集して、ID「**gnavi**」に次のようにスタイルを設定しましょう。狭い画面幅でハンバーガーメニューが表示されているときは、ナビゲーションメニューを左に100%移動した位置（画面外）に配置しておくことで、非表示にします。また、同一階層にあるボタンとナビゲーションメニューにz-indexプロパティを設定し、重なり順を設定しましょう。

●ID「sp_gnavi_btn」（ボタン）

スタイル	値
重なり順	200

●ID「gnavi」（ナビゲーションメニュー）

スタイル	値
要素の位置	ブラウザーの表示領域を基準に配置（fixed）
上	0
左	100%
幅	100%
高さ	100%
パディング（上）	70px
背景色	半透明の白色（rgba(255, 255, 255, 0.8)）
重なり順	100

① コーディングソフトで「**style.css**」を表示し、次のように入力します。

```
/* 959px以下の場合 */
@media(max-width: 959px) {
    /* ハンバーガーメニュー ボタン部分 */
    #sp_gnavi_btn {
```
```
        justify-content: center;
        align-items: center;
        z-index: 200;
    }
```
```
    #sp_gnavi_check:checked ~ #sp_gnavi_btn span::after {
        top: 0;
        transform: rotate(-45deg);
    }
    /* ハンバーガーメニュー ナビゲーションメニュー */
    #gnavi {
        position: fixed;
        top: 0;
        left: 100%;
        width: 100%;
        height: 100%;
        padding-top: 70px;
        background-color: rgba(255, 255, 255, 0.8);
        z-index: 100;
    }
```

※次の操作のために、上書き保存しておきましょう。

②ブラウザーでWebページを再読み込みして、編集結果を確認します。

※画面幅が959px以下になるとナビゲーションメニューが画面外に移動するので、見えなくなることを確認します。

2 ボタンを押したときの動作の設定

ボタンを押すと、ナビゲーションメニューがスムーズに現れるようにします。ボタンが押されたかどうかは、チェックボックスがオンになったかどうかで判別できます。チェックボックスがオンのときの表示は、擬似クラス「:checked」で設定します。
ID「sp_gnavi_check」のチェックボックスがオンのときの表示を設定します。また、ID「gnavi」にトランジションを設定します。
CSSファイル「style.css」を編集して、各要素に次のようにスタイルを設定しましょう。

●ID「sp_gnavi_check」が「:checked」状態のとき、以降に記述されたID「gnavi」

スタイル	値
左	0%

●ID「gnavi」

スタイル	値
トランジション	変化の対象:すべて(all) 変化にかかる時間:0.6秒(s) 変化の速度:変化の開始時は遅く、徐々に加速し、減速して終了する(ease-in-out)

①コーディングソフトで「style.css」を表示し、次のように入力します。

```
/* 959px以下の場合 */
@media(max-width: 959px) {

    /* ハンバーガーメニュー ナビゲーションメニュー */
    #gnavi {
        position: fixed;
        top: 0;
        left: 100%;
        width: 100%;
        height: 100%;
        padding-top: 70px;
        background-color: rgba(255, 255, 255, 0.8);
        z-index: 100;
        transition: all 0.6s ease-in-out;
    }
    #sp_gnavi_check:checked ~ #gnavi {
        left: 0%;
    }
```

※次の操作のために、上書き保存しておきましょう。

②ブラウザーでWebページを再読み込みして、編集結果を確認します。

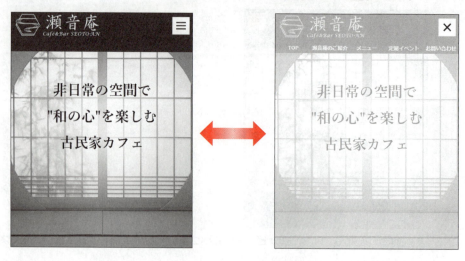

※ボタンをクリックすると、ナビゲーションメニュー（半透明の背景のうしろに白文字）が表示されることを確認します。

3 メニュー項目の表示の調整

広い画面幅ではナビゲーションメニューの親メニューが横方向に並び、子メニューが縦方向に並んで表示されていましたが、狭い画面幅ではハンバーガーメニューの表示に合わせて、すべて縦方向に並ぶように設定します。また、ハンバーガーメニューを導入したことで不要になった、従来の狭い画面幅用のスタイルを削除します。
CSSファイル「**style.css**」を編集して、各要素に次のスタイルを設定しましょう。

●div要素（ID：gnavi）

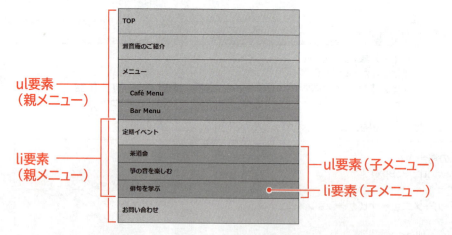

●ID「gnavi」の子要素のul要素（親メニュー）

スタイル	値
表示形式	ブロックで表示（block）
幅	100%
高さ	50px

●ID「gnavi」の子要素のul要素の子要素のli要素（親メニュー）

スタイル	値
背景色	薄い水色（#cde2f0）
幅	100%
高さ	自動（auto）

●ID「gnavi」の中のul要素の中のli要素の中のa要素（親メニュー）

スタイル	値
ボーダー（上）	1px　実線（solid）　灰色（#333333）
幅	100%
マージン（上下左右）	0
パディング（左）	10px
文字色	黒色（#000000）
行揃え	左揃え（left）

●ID「gnavi」の子要素のul要素の子要素のli要素 ※最後の子要素だけ（親メニュー）

スタイル	値
ボーダー（下）	1px　実線（solid）　灰色（#333333）

※最後の子要素だけにスタイルを設定するには、擬似クラス「:last-child」を使います。特定の順番の要素だけにスタイルを設定するときに使う擬似クラスは、P.121 POINT「擬似クラス」を参照してください。

●ID「gnavi」の中のli要素の中のli要素（子メニュー）

スタイル	値
背景色	水色（#9fc4d0）
高さ	45px
オーバーフロー時の動作	あふれた部分を切り取らずに表示（visible）
表示形式	ブロックで表示（block）

●ID「gnavi」の中のli要素の中のli要素の中のa要素（子メニュー）

スタイル	値
パディング（左）	30px
行の高さ	45px

●ID「gnavi」の中のli要素（擬似クラス「:hover」時）（親・子メニュー共通）

スタイル	値
背景色	薄い水色（#cde2f0）

●ID「gnavi」の中のli要素（擬似クラス「:hover」時）の中のli要素（子メニュー）

スタイル	値
高さ	45px

●ID「gnavi」の中のli要素の中のli要素（擬似クラス「:hover」時）（子メニュー）

スタイル	値
背景色	水色（#9fc4d0）

①コーディングソフトで「**style.css**」を表示し、次のように入力します。

```css
/* 959px以下の場合 */
@media(max-width: 959px) {

    #sp_gnavi_check:checked ~ #gnavi {
        left: 0%;
    }
    #gnavi > ul {
        display: block;
        width: 100%;
        height: 50px;
    }
    #gnavi > ul > li {
        background-color: #cde2f0;
        width: 100%;
        height: auto;
    }
    #gnavi ul li a {
        border-top: 1px solid #333333;
        width: 100%;
        margin: 0;
        padding-left: 10px;
        color: #000000;
        text-align: left;
    }
    #gnavi > ul > li:last-child {
        border-bottom: 1px solid #333333;
    }
    #gnavi li li {
        background-color: #9fc4d0;
        height: 45px;
        overflow: visible;
        display: block;
    }
    #gnavi li li a {
        padding-left: 30px;
        line-height: 45px;
    }
    #gnavi li:hover {
        background-color: #cde2f0;
    }
    #gnavi li:hover li {
        height: 45px;
    }
    #gnavi li li:hover {
        background-color: #9fc4d0;
    }
```

②次の部分を削除します。

```
/* 959px以下の場合 */
@media(max-width: 959px) {
    /* ハンバーガーメニュー ボタン部分 */
～～～～～～～～～～～～～～～～～～～～～～
    /* ナビゲーションメニュー */
    header {
        height: 100px;
    }
    nav{
        float: none;
    }
    #gnavi {
        font-size: smaller;
    }
    #gnavi ul {
        height: 35px;
        width: 100%;
    }
    #gnavi ul li {
        width: 20%;
    }
    #gnavi li a {
        height: 35px;
        line-height: 35px;
    }
```

③ブラウザーでWebページを再読み込みして、編集結果を確認します。

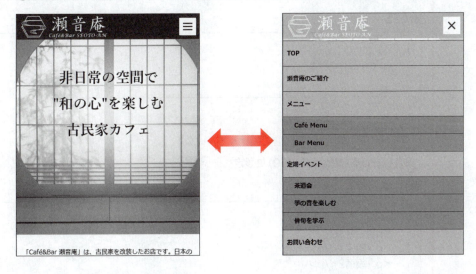

POINT 擬似クラス

特定の順番の要素だけにスタイルを設定する場合は、「擬似クラス」を使います。要素を指定する擬似クラスには、次のようなものがあります。

擬似クラス	説明
:first-child	同階層の中で最初の要素だけ
:last-child	同階層の中で最後の要素だけ
:nth-child()	同階層の中の特定の順番の要素だけ
:first-of-type	同階層の中で指定した最初の要素だけ
:last-of-type	同階層の中で指定した最後の要素だけ
:nth-of-type()	同階層の中の指定した特定の順番の要素だけ

※:nth-child()、:nth-of-type()の括弧の中には、順番を表す数字、数式のほか、even（偶数）やodd（奇数）も指定できます。

「:first-child」の例

「項目1」だけを赤色（#ff0000）に設定

● HTML

```
<ul>
    <li>項目1</li>
    <li>項目2</li>
    <li>項目3</li>
    <li>項目4</li>
</ul>
```

● CSS

```
li:first-child {
    color: #ff0000;
}
```

「:first-of-type」の例

「段落1」だけを赤色（#ff0000）に設定

● HTML

```
<div>
    <h2>見出し</h2>
    <p>段落1</p>
    <p>段落2</p>
    <p>段落3</p>
</div>
```

● CSS

```
div p:first-of-type {
    color: #ff0000;
}
```

※div要素の中の最初の要素がh2要素のため、「:first-child」は使用できません。

STEP 5 ヘッダーを固定する

1 ヘッダーの固定

ハンバーガーメニューのボタンは画面の右上に固定しているため、Webページを下部までスクロールしているときも、いつでもアクセスすることができます。同様に、ヘッダー全体を画面上部に固定して、ナビゲーションメニューのアクセス性を高めます。
CSSファイル「**style.css**」を編集して、header要素に次のスタイルを追加しましょう。ほかのコンテンツの上に重なっていることがイメージできるように、ヘッダーには影を付けます。

スタイル	値
位置	固定(fixed)
上	0
左	0
重なり順	900
影	横方向のずれ幅:0 縦方向のずれ幅:0 ぼかし幅:15px 影の色:半透明の黒色(rgba(0, 0, 0, 0.5))

①コーディングソフトで「**style.css**」を表示し、次のように入力します。

```css
/* ヘッダー */
header {
    width: 100%;
    height: 65px;
    background-color: #305662;
    position: fixed;
    top: 0;
    left: 0;
    z-index: 900;
    box-shadow: 0 0 15px rgba(0, 0, 0, 0.5);
}
```

※次の操作のために、上書き保存しておきましょう。

②ブラウザーでWebページを再読み込みして、編集結果を確認します。

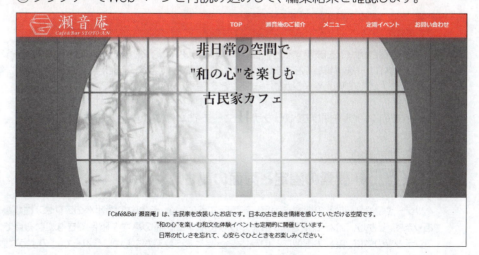

※スクロールして表示を確認しましょう。

> **POINT 固定ヘッダーのz-indexの指定**
>
> スクロールをしたときに、固定したヘッダーの上に別のコンテンツが重なって表示されないように、ヘッダーは常に重なりの最上部に位置している必要があります。z-indexに指定する値は、コンテンツに使用している中で最も大きい値を指定しておくとよいでしょう。

2 コンテンツの開始位置の調整

ヘッダーを固定したことによって、コンテンツがヘッダーの高さ分上側に移動したため、ヘッダーに重なる部分が隠れて見えなくなってしまいます。
CSSファイル「**style.css**」を編集して、コンテンツ全体にヘッダーの高さ分のマージン（上）：65pxを設定して、表示位置を調整しましょう。

①コーディングソフトで「style.css」を表示し、次のように入力します。

```
/* コンテンツ全体 */
main {
    clear: both;
    margin-top: 65px;
}
```

※次の操作のために、上書き保存しておきましょう。

②ブラウザーでWebページを再読み込みして、編集結果を確認します。

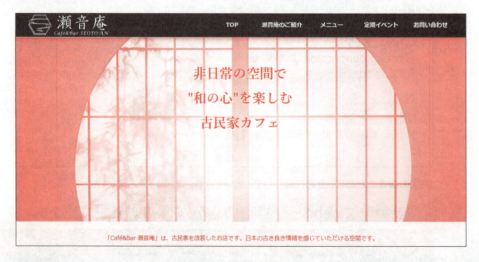

※実際にWebサイトを改善するときは、サブページも編集が必要です。ほかのWebページも同様にナビゲーションメニューを編集しておきましょう。リンクのURLは、各ページに合わせて調整します。編集したあとは、項目をクリックしてWebページが遷移することを確認しましょう。

※すべてのファイルを閉じて、ブラウザーとコーディングソフトを終了しておきましょう。

> **STEP UP 要素の固定と画面の高さ**
>
> ヘッダーやフッターなどの要素を固定して表示することは、その中の情報へのアクセス性が高まる点でメリットがあります。しかし、コンテンツをスクロールして表示する画面の高さを確保できなくなる点で、注意が必要です。コンテンツの中に、縦長の画像などの高さを必要とする要素がないか、それらがどのような画面幅でも問題なく表示できるか、確認しておきましょう。

第8章

フッターの作成

- STEP1 編集するWebページを確認する ……………………………… 125
- STEP2 フッターの構成を作成する ………………………………… 126
- STEP3 フッターのレイアウトを設定する ……………………………… 129
- STEP4 レスポンシブWebデザインに対応させる ……………………… 134

STEP 1 編集するWebページを確認する

1 編集するWebページの確認

すべてのWebページに共通して配置されているフッターについて、次のように設定します。

●広い画面幅（パソコンでの表示）

ロゴマークの挿入
レイアウトの変更
アクセスマップの挿入

●狭い画面幅（スマートフォンでの表示）

左右中央揃えで表示

STEP 2 フッターの構成を作成する

1 フッターの概要

Webサイトのフッターは、すべてのWebページに共通の情報として、会社名やコピーライト、連絡先などを記述する領域です。古くはコピーライトを表示する程度のシンプルなものが主流でしたが、次第に重要視されるようになり、Webサイトの目的に応じて、サイトマップを掲載したり、商品購入につながるリンクを掲載したり、Webサイト全体のデザインの重要な部分として見せたりと、フッターが活用されるようになってきました。

現在のフッターは、サイト名、店舗を訪れるのに必要な情報、コピーライトが記述されているシンプルな構成になっています。HTMLとCSSを修正してフッターの構成を変更し、ロゴマークやアクセスマップを追加するとともに、どのような画面幅で表示しても情報が探しやすく、見栄えのするフッターにしましょう。

2 フッターの構成

HTMLファイル「index.html」を編集して、footer要素の構成を次のように変更し、コンテンツを配置しましょう。

```
div要素（ID：footer_inner）
    div要素
        a要素
            img要素（ロゴマーク）
        address要素
            h3要素
            ul要素
                li要素（住所・TEL）
                li要素（営業時間）
            div要素（ID：map）
                img要素（アクセスマップ）
    p要素（ID：copyright）
```

● a要素

属性	値
URL	index.html

● img要素（ロゴマーク）

属性	値
画像ファイル	フォルダー「image」の画像「logo_footer.png」
代替テキスト	Café&Bar 瀬音庵

● h3要素

Café&Bar 瀬音庵

※「&」は文字参照を使って「&」と記述します。

● ul要素

記述位置	要素	内容
リスト項目（li要素）として表示する内容1つ目	h4要素	住所
	p要素	羽賀市下竹原59-6\ （小湊バス停から徒歩7分）
	h4要素	TEL
	p要素	98-7654-3210
リスト項目（li要素）として表示する内容2つ目	h4要素	営業時間
	p要素	Café Time 11:00～16:00\ （L.O. 15:30）\ Bar Time 17:00～22:00\ （L.O. 21:30）

● div要素（アクセスマップの外側）

属性	値
ID	map

● img要素（アクセスマップ）

属性	値
画像ファイル	フォルダー「image」の画像「map.jpg」
代替テキスト	Café&Bar 瀬音庵のアクセスマップ

》 フォルダー「seoto-an」のHTMLファイル「index.html」をブラウザーとコーディングソフトで、CSSファイル「style.css」をコーディングソフトで開いておきましょう。

①コーディングソフトで「index.html」を表示し、div要素（ID：footer_inner）の中を、次のように編集します。

●編集前

```
<div id="footer_inner">
    <address>
        <h3>Café&amp;Bar 瀬音庵</h3>
        <p>■住所：羽賀市下竹原59-6(小湊バス停から徒歩7分)<br>
        ■TEL：98-7654-3210<br>
        ■営業時間：Café Time 11:00～16:00(L.O. 15:30) Bar Time 17:00～22:00(L.O. 21:30)</p>
    </address>
    <p id="copyright"><small>&copy; 2024 Café&amp;Bar 瀬音庵 All Rights Reserved.</small></p>
</div>
```

●編集後

```
<div id="footer_inner">
    <div>
        <a href="index.html"><img src="image/logo_footer.png" alt="Café&Bar 瀬音庵"></a>
        <address>
            <h3>Café&amp;Bar 瀬音庵</h3>
            <ul>
                <li>
                    <h4>住所</h4>
                    <p>羽賀市下竹原59-6<br>(小湊バス停から徒歩7分)</p>
                    <h4>TEL</h4>
                    <p>98-7654-3210</p>
                </li>
                <li>
                    <h4>営業時間</h4>
                    <p>Café Time 11:00～16:00<br>(L.O. 15:30)<br>
                    Bar Time 17:00～22:00<br>(L.O. 21:30)</p>
                </li>
            </ul>
            <div id="map"><img src="image/map.jpg" alt="Café&Bar 瀬音庵のアクセスマップ"></div>
        </address>
    </div>
    <p id="copyright"><small>&copy; 2024 Café&amp;Bar 瀬音庵 All Rights Reserved.</small></p>
</div>
```

※次の操作のために、上書き保存しておきましょう。

②ブラウザーでWebページを再読み込みして、編集結果を確認します。

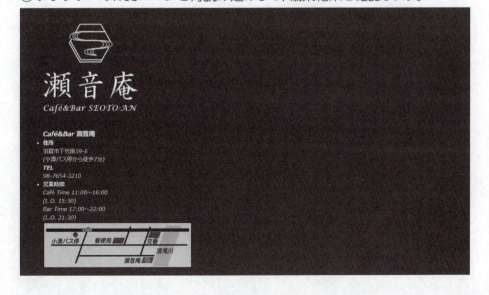

STEP 3 フッターのレイアウトを設定する

1 フレックスボックスレイアウトの設定

フレックスボックスレイアウトを使って、フッターのレイアウトを設定しましょう。

1 フッター全体の設定

div要素（コンテナ）内にa要素とaddress要素（アイテム）を配置しましょう。広い画面幅の場合はアイテムが左右に表示され、狭い画面幅の場合はアイテムがコンテナ内で折り返されるようにします。

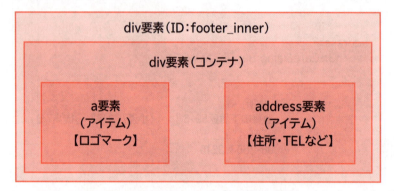

CSSファイル「**style.css**」を編集して、div要素（ID：footer_inner）の子要素のdiv要素に、次のスタイルを設定しましょう。div要素（ID：footer_inner）の中の複数の階層にdiv要素が存在するため、子要素だけに設定されるようにします。

スタイル	値
表示形式	フレックスボックスレイアウトで表示（flex）
アイテムの配置形式（横方向）	最初のアイテムはコンテナの先頭に、最後のアイテムは末尾に配置し、その間にその他のアイテムを均等に配置（space-between）
コンテナ内のアイテムの折り返し	コンテナ内で折り返して、アイテムを複数行に分けて配置（wrap）

①コーディングソフトで「**style.css**」を表示し、次のように入力します。

```
/* フッター */
footer {
    background-color: #305662;
}
#footer_inner {

    font-size: 15px;
    max-width: 1200px;
}
#footer_inner > div {
    display: flex;
    justify-content: space-between;
    flex-wrap: wrap;
}
```

※次の操作のために、上書き保存しておきましょう。

②ブラウザーでWebページを再読み込みして、編集結果を確認します。

2 連絡先部分の設定

フッターの右側に位置するaddress要素のレイアウトを整えます。
住所、TEL、営業時間を表示する箇所は2段組にするため、フレックスボックスレイアウトを使って、ul要素（コンテナ）内にli要素2つ（アイテム）を配置しましょう。広い画面幅の場合はアイテムが左右に表示され、狭い画面幅の場合はアイテムがコンテナ内で折り返されるようにします。

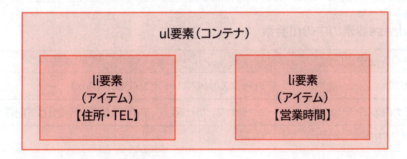

それぞれの見出し文字の前には「■」（正方形）を挿入するため、擬似要素「::before」を使います。また、address要素内の文字は、ブラウザーによっては斜体で表示されます。ここでは、通常体に統一したデザインにするため、フォントスタイルを通常体に変更します。フォントスタイルを変更するには、「font-styleプロパティ」を使います。

●広い画面幅（パソコンでの表示）　　●狭い画面幅（スマートフォンでの表示）

■font-styleプロパティ

文字のスタイルを設定します。

> font-style：スタイル

設定できる主なスタイルは、次のとおりです。

スタイル	値
normal	通常体（初期値）
italic	筆記体
oblique	斜体

例：p要素の文字列を筆記体で表示
　　p {font-style: italic;}

CSSファイル「style.css」を編集して、各要素に次のスタイルを設定しましょう。

●address要素

スタイル	値
文字のスタイル	通常体（normal）

●address要素の中のul要素

スタイル	値
表示形式	フレックスボックスレイアウトで表示（flex）
コンテナ内のアイテムの折り返し	コンテナ内で折り返して、アイテムを複数行に分けて配置（wrap）
マージン（下）	1rem

●address要素の中のli要素

スタイル	値
表示形式	インラインブロックで表示（inline-block）
マージン（右）	15px

●address要素の中のh4要素の擬似要素「::before」

スタイル	値
挿入する値	■

●address要素の中のimg要素

スタイル	値
マージン（下）	15px
最大幅	100%

①コーディングソフトで「style.css」を表示し、次のように入力します。

```css
#footer_inner > div {
    display: flex;
    justify-content: space-between;
    flex-wrap: wrap;
}
address {
    font-style: normal;
}
address ul {
    display: flex;
    flex-wrap: wrap;
    margin-bottom: 1rem;
}
address li {
    display: inline-block;
    margin-right: 15px;
}
address h4::before {
    content: "■";
}
address img {
    margin-bottom: 15px;
    max-width: 100%;
}
```

※次の操作のために、上書き保存しておきましょう。

②ブラウザーでWebページを再読み込みして、編集結果を確認します。

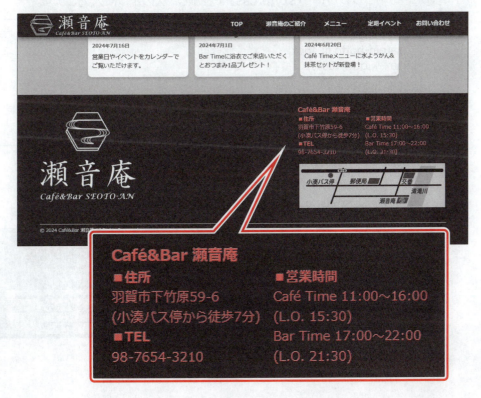

2　電話番号の自動認識対策

iPhoneやiPadといったiOSやiPadOSのスマートデバイスでは、Webページに記載された電話番号をタップすると電話がかけられます。これは、電話番号が自動的にリンク（a要素）として認識されているためです。しかし、a要素にスタイルを設定していないと、電話番号の文字列が意図しない文字色に変わったり、下線が付いたりします。
その対策の1つとしては、電話番号部分のa要素に対してスタイルを設定し、任意のデザインに変更することが考えられます。
CSSファイル「style.css」を編集して、address要素の中のa要素の文字色を白色（#ffffff）に設定しましょう。

●iPhoneやiPadで表示した場合

①コーディングソフトで「style.css」を表示し、次のように入力します。

```
address img {
    margin-bottom: 15px;
    max-width: 100%;
}
address a {
    color: #ffffff;
}
```

※次の操作のために、上書き保存しておきましょう。

②ブラウザーでWebページを再読み込みして、編集結果を確認します。

※パソコンで表示したときには変化はありません。

STEP 4 レスポンシブWebデザインに対応させる

1 狭い画面幅への対応

フッターを狭い画面幅で表示すると、コンテンツが左側に寄って表示されているため、これを左右中央揃えで表示されるように設定します。

●設定前

●設定後

CSSファイル**「style.css」**を編集して、画面幅が768px以下の場合の各要素に、次のスタイルを設定しましょう。

●ID「footer_inner」の子要素のdiv要素

スタイル	値
アイテムの配置形式（横方向）	アイテムをコンテナの中央に寄せて配置（center）

●ID「copyright」

スタイル	値
行揃え	中央揃え（center）

①コーディングソフトで「**style.css**」を表示し、次のように入力します。

```css
/* 768px以下の場合 */
@media(max-width: 768px) {
    #explanation, #menu > p, #info > p {
        text-align: left;
        margin-left: 1rem;
        margin-right: 1rem;
    }
```

```css
/* フッター */
#footer_inner {
    max-width: 100%;
}
#footer_inner > div {
    justify-content: center;
}
#copyright {
    text-align: center;
}
```

※次の操作のために、上書き保存しておきましょう。

②ブラウザーでWebページを再読み込みして、編集結果を確認します。

※画面幅を変えて、左右中央揃えに切り替わることを確認しておきましょう。

※実際にWebサイトを改善するときは、サブページも編集が必要です。ほかのWebページも同様にフッターを編集しておきましょう。リンクのURLや画像の参照先は、各ページに合わせて調整します。編集したあとは、ロゴマークをクリックしてWebページが遷移することを確認しましょう。
※すべてのファイルを閉じて、ブラウザーとコーディングソフトを終了しておきましょう。

第9章 見出しデザインの作成

- STEP 1 編集するWebページを確認する ……………………………… 137
- STEP 2 下線付きデザインの見出しを作成する …………………… 138
- STEP 3 見出し付き囲み枠を作成する …………………………………… 142

STEP 1 編集するWebページを確認する

1 編集するWebページの確認

使用目的やWebサイトのデザインに合わせた、記事ページ用の見出しを作成します。

●haiku.html

下線付きデザインの見出し

見出し付き囲み枠

第9章　見出しデザインの作成

137

STEP 2　下線付きデザインの見出しを作成する

1　見出しの役割

見出しには、ユーザーと検索エンジンのロボットのそれぞれに向けた役割があります。ユーザーに対しては、わかりやすい言葉で見出しを付けることで、記事のセクションの概要を一目で理解できるようにします。検索エンジンのロボットに対しては、見出しに適切な要素を設定して構造化しておくことで、Webページの構造を正確に把握できるようにします。その結果として、検索結果の上位に表示されやすくなります。

デザインの面では、一般的に見出しの文字は大きく設定することが多いので、見せ方を工夫すると、コンテンツをユーザーの目に留まりやすくできます。デザインによってWebページのイメージが大きく左右されるため、Webサイト全体のデザインに合った視認性の高い見出しを作りましょう。

●蛍光ペンを引いたイメージの見出し

タイトル

●枠と背景がずれた見出し

タイトル

●吹き出し風の見出し

タイトル

2　見出しの作成

現在のh2要素の見出しは、文字に背景色を設定しただけのシンプルなものになっています。CSSの「**box-shadowプロパティ**」と「**border-bottomプロパティ**」を組み合わせて、背景色の中に白色の破線を挿入したデザインの見出しに変更しましょう。

●設定前

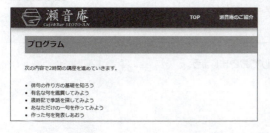

●設定後

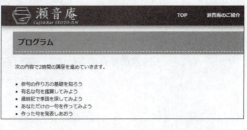

1 ボーダーの設定

border-bottomプロパティを使うと、要素の下にボーダーを付けることができます。

← 背景色
← ボーダー（下）

HTMLファイル「haiku.html」に使われている見出しを確認しましょう。CSSファイル「style.css」を編集して、article要素の中のh2要素に、次のスタイルを設定しましょう。

スタイル	値
ボーダー（下）	2px　破線（dashed）　白色（#ffffff）

 » フォルダー「seoto-an」のHTMLファイル「haiku.html」をブラウザーとコーディングソフトで、CSSファイル「style.css」をコーディングソフトで開いておきましょう。

※「haiku.html」はフォルダー「event」にあります。

①コーディングソフトで「haiku.html」を表示し、見出しのコードを確認します。

```
<article>
〜
    <h2 id="program">プログラム</h2>
    <p>次の内容で2時間の講座を進めていきます。</p>
```

※ほかのh2見出しも同様に記述されています。

②ブラウザーで「haiku.html」を表示し、見出しを確認します。

プログラム

次の内容で2時間の講座を進めていきます。

③コーディングソフトで「style.css」を表示し、次のように入力します。

```
/* 記事ページフォーマット */
〜
article h2 {
    font-weight: 700;
    margin: 2.3rem 0;
    padding: 10px;
    background-color: #9fbdc7;
    border-bottom: 2px dashed #ffffff;
}
```

※次の操作のために、上書き保存しておきましょう。

④ブラウザーでWebページを再読み込みして、編集結果を確認します。

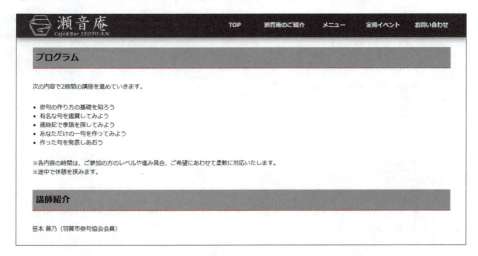

※スクロールして、ほかのh2見出しも変更されていることを確認しておきましょう。

2 影の設定

h2要素の下側のボーダーが白色のため、Webページの背景色と区別がつかなくなっています。対応として、box-shadowプロパティを使ってh2要素に影を付け、影のぼかし幅と広がり幅を調整します。影の内側にボーダーが表示されるので、要素内にボーダーがおさまったように見えます。

※実際には、h2要素の背景色と影は同色です。

CSSファイル「style.css」を編集して、article要素の中のh2要素に、次のようなスタイルを設定しましょう。

スタイル	値
影	横方向のずれ幅：0 縦方向のずれ幅：0 ぼかし幅：0 広がり幅：8px 影の色：くすんだ水色（#9fbdc7）

①コーディングソフトで「style.css」を表示し、次のように入力します。

```
article h2 {
    font-weight: 700;
    margin: 2.3rem 0;
    padding: 10px;
    background-color: #9fbdc7;
    border-bottom: 2px dashed #ffffff;
    box-shadow: 0 0 0 8px #9fbdc7;
}
```

※次の操作のために、上書き保存しておきましょう。

140

②ブラウザーでWebページを再読み込みして、編集結果を確認します。

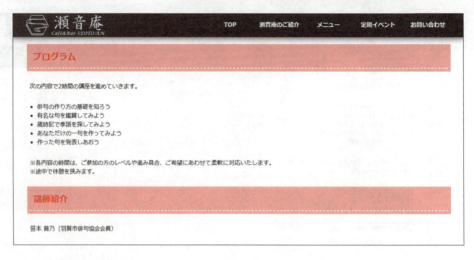

※スクロールして、ほかのh2見出しも変更されていることを確認しておきましょう。

POINT　box-shadowプロパティの設定

影を設定するには、box-shadowプロパティを使います。影のずれやぼかし、広がり、色などを設定して、見栄えを整えることができます。

■box-shadowプロパティ

要素の影を設定します。

```
box-shadow:横方向のずれ幅　縦方向のずれ幅　ぼかし幅　広がり幅　影の色
```

設定値は半角空白で区切ります。
※ 幅には、数値+単位または%を設定します。
　　数値が「0」の場合は、単位を省略できます。
横方向のずれ幅に正の値を設定すると右に、負の値を設定すると左に影ができます。
縦方向のずれ幅に正の値を設定すると下に、負の値を設定すると上に影ができます。
ぼかし幅は、影をぼかす幅を設定します。
広がり幅に正の値を設定すると影が拡大され、負の値を設定すると影が縮小されます。
※横方向のずれ幅と縦方向のずれ幅の2つの設定値は必須です。3つ目の設定値はぼかし幅、4つ目は広がり幅を表します。ぼかし幅、広がり幅、影の色は省略することができます。

例：p要素に右方向0px、下方向0px、ぼかし幅0px、広がり幅10px、黒色（#000000）の影を付ける
　　p {box-shadow: 0 0 0 10px #000000;}

```
p要素
```

例：p要素に右方向3px、下方向3px、ぼかし幅10px、灰色（#aaaaaa）の影を付ける
　　p {box-shadow: 3px 3px 10px #aaaaaa;}
　　※広がり幅は省略しています。

```
p要素
```

STEP 3 見出し付き囲み枠を作成する

1 見出し付き囲み枠の概要

見出しと囲み枠が一体型になった**「見出し付き囲み枠」**のデザインを使うと、囲み枠の中に何が書いてあるのか一目で理解することができます。異なる階層の見出しを付けてコンテンツを分けたり、Webページの記事に関連するコラムを入れたりする場合に使われます。

「**haiku.html**」の見出し**「講師紹介」**にある囲み枠を、見出し付き囲み枠に変更します。見出し（h3要素）には、1行目の**「講師からのメッセージ」**の文字列を使用します。

●設定前

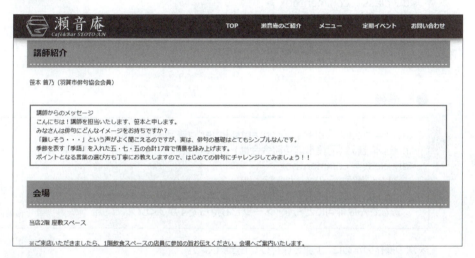

●設定後

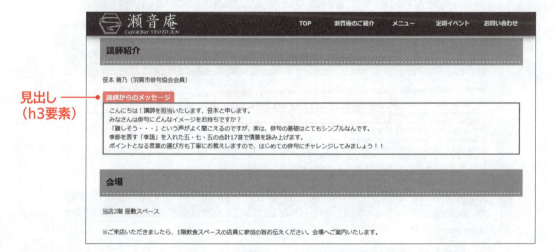

見出し
（h3要素）

142

2 見出し要素の作成

現在のWebページでは、講師からのメッセージがdiv要素（クラス：commentbox）の枠で囲んで記述されています。
HTMLファイル「**haiku.html**」を編集して、p要素内の「**講師からのメッセージ**」をh3要素の見出しに変更しましょう。p要素は、「**こんにちは！講師を担当いたします、笹本と申します。･･･**」から始まるようにします。

①コーディングソフトで「**haiku.html**」を表示し、次のように編集します。

● 編集前

```
<h2 id="koushi" class="contents_inner">講師紹介</h2>
<p>笹本 普乃（羽賀市俳句協会会員）</p>
<div class="commentbox">
    <p>講師からのメッセージ<br>
    こんにちは！講師を担当いたします、笹本と申します。<br>
    みなさんは俳句にどんなイメージをお持ちですか？<br>
```

● 編集後

```
<h2 id="koushi" class="contents_inner">講師紹介</h2>
<p>笹本 普乃（羽賀市俳句協会会員）</p>
<div class="commentbox">
    <h3>講師からのメッセージ</h3>
    <p>こんにちは！講師を担当いたします、笹本と申します。<br>
    みなさんは俳句にどんなイメージをお持ちですか？<br>
```

※次の操作のために、上書き保存しておきましょう。

②ブラウザーでWebページを再読み込みして、編集結果を確認します。

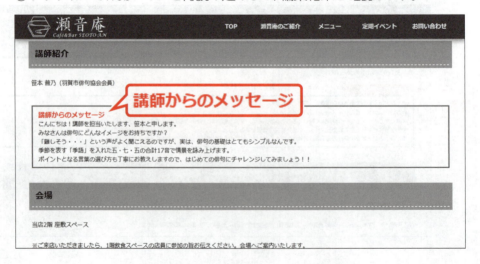

3 見出しのデザインの設定

CSSファイル「style.css」を編集して、クラス「commentbox」の中のh3要素に設定するスタイルを作成し、見出しのデザインを設定しましょう。

スタイル	値
背景色	くすんだ緑色（#32955a）
文字色	白色（#ffffff）
フォントサイズ	18px
フォントの太さ	700
4つの角を丸くする（左上・右上・右下・左下）	5px　5px　0　0
パディング（上・右・下・左）	4px　10px　0　10px

①コーディングソフトで「style.css」を表示し、次のように入力します。

```css
.commentbox {
    margin: 3rem 0;
    padding: 0.5rem 1rem;
    border: 3px solid #32955a;
}
.commentbox h3 {
    background-color: #32955a;
    color: #ffffff;
    font-size: 18px;
    font-weight: 700;
    border-radius: 5px 5px 0 0;
    padding: 4px 10px 0 10px;
}
```

※次の操作のために、上書き保存しておきましょう。

②ブラウザーでWebページを再読み込みして、編集結果を確認します。

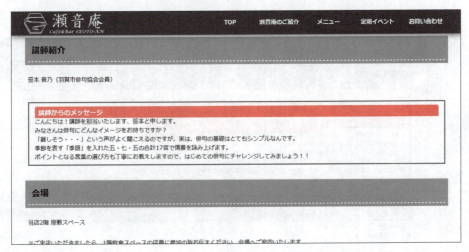

4 見出しの表示位置の設定

見出しの表示位置を設定します。
CSSファイル「**style.css**」を編集して、クラス「**commentbox**」を相対位置（relative）で配置するように設定しましょう。また、クラス「**commentbox**」の中のh3要素に、次のスタイルを設定しましょう。

スタイル	値
位置	絶対位置で配置（absolute）
上	-32px（上方向に32px）
左	-3px（左方向に3px）

①コーディングソフトで「**style.css**」を表示し、次のように入力します。

```css
.commentbox {
    margin: 3rem 0;
    padding: 0.5rem 1rem;
    border: 3px solid #32955a;
    position: relative;
}
.commentbox h3 {
    background-color: #32955a;
    color: #ffffff;
    font-size: 18px;
    font-weight: 700;
    border-radius: 5px 5px 0 0;
    padding: 4px 10px 0 10px;
    position: absolute;
    top: -32px;
    left: -3px;
}
```

※次の操作のために、上書き保存しておきましょう。

②ブラウザーでWebページを再読み込みして、編集結果を確認します。

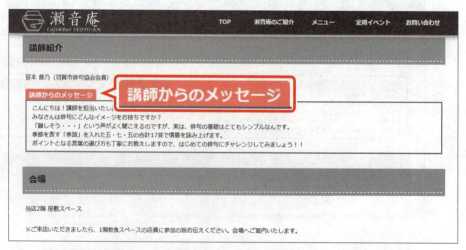

※実際にWebサイトを改善するときは、「sadou.html」も同様に編集しておきましょう。

※すべてのファイルを閉じて、ブラウザーとコーディングソフトを終了しておきましょう。

第10章

開閉できる目次の作成

STEP 1	編集するWebページを確認する	147
STEP 2	目次の開閉の仕組みを作成する	148
STEP 3	目次のレイアウトを設定する	154
STEP 4	ページ内リンクの動作を調整する	159

STEP 1 編集するWebページを確認する

1 編集するWebページの確認

開閉機能を持ち、項目の表示・非表示が切り替えられる、記事ページ用の目次を作成します。

`haiku.html`

●目次が開いているとき

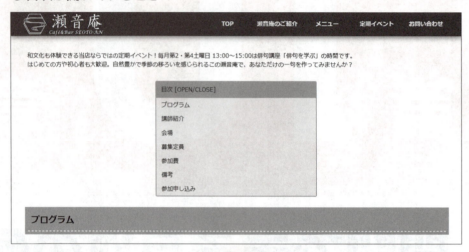

●目次が閉じているとき

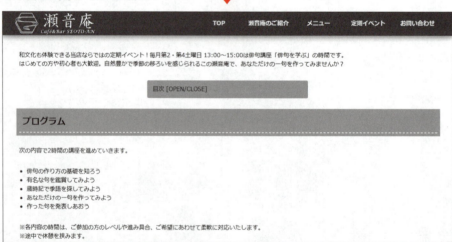

STEP 2 目次の開閉の仕組みを作成する

1 開閉できる目次の特徴

Webページに目次を設置しておくことには様々なメリットがあります。ユーザーに対しては、目次項目を見ることで記事の全体像を把握することができたり、読みたい特定の項目にすぐにアクセスできたりするので、ユーザビリティの面で大切な役割を担っています。検索エンジンのロボットに対しては、Webページの構造を理解するための手掛かりとなるため、SEO対策に有用であるといえます。

目次が必要となるWebページとしては、文字数が多いページや見出し項目が多いページ、見出しの階層が深くまであるページなどが挙げられます。ただし、見出し項目が増えると、必然的に目次の領域が縦に長くなり、スクロールの手間が増えるなど、コンテンツの閲覧の妨げになる場合があります。そのようなときには、「アコーディオン型」や「トグル型」と呼ばれる、開閉機能がついた目次が便利です。

HTMLファイル「haiku.html」を確認すると、文字列をクリックすると見出しへジャンプするシンプルなスタイルの目次がコンテンツの上部に表示されています。HTMLとCSSを修正し、この目次に開閉できる機能を持たせます。

2 開閉できる目次の作成

目次を開閉できるようにするには、「input要素」と「label要素」を使います。ここではチェックボックス(input要素)のラベル(label要素)をクリックすることでオン・オフができる動作を応用して、目次の開閉の仕組みに使用します。

この仕組みは、ハンバーガーメニューと同様ですが、ハンバーガーメニューではナビゲーションメニューが閉じている状態(チェックボックスがオフの状態)が通常時であるのに対し、目次では開いている状態(チェックボックスがオンの状態)が通常時であるという違いがあります。

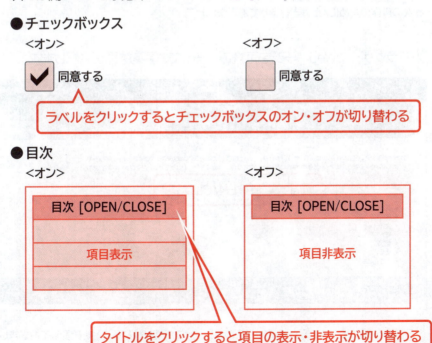

1 開閉の仕組みの作成

HTMLファイル「haiku.html」を編集して、div要素（ID：mokuji）の中にチェックボックスを配置しましょう。

ラベルをクリックしたときに、チェックボックスのオンとオフが切り替わるように、チェックボックス（input要素）のID属性とラベル（label要素）のfor属性を一致させます。また、input要素にはchecked属性を設定しておくことで、チェックボックスがオンの状態を初期状態とすることができます。

● input要素

要素	内容
input	タイプ：checkbox ID：mokuji_title checked

● label要素

label要素には、文字列「目次 [OPEN/CLOSE]」を記述

要素	内容
label	for：mokuji_title

 » フォルダー「seoto-an」のHTMLファイル「haiku.html」をブラウザーとコーディングソフトで、CSSファイル「style.css」をコーディングソフトで開いておきましょう。

①コーディングソフトで「haiku.html」を表示し、次のように入力します。

```
<div id="mokuji">
    <input type="checkbox" id="mokuji_title" checked>
    <label for="mokuji_title">目次 [OPEN/CLOSE]</label>
    <ul>
```

※次の操作のために、上書き保存しておきましょう。

②ブラウザーでWebページを再読み込みして、編集結果を確認します。

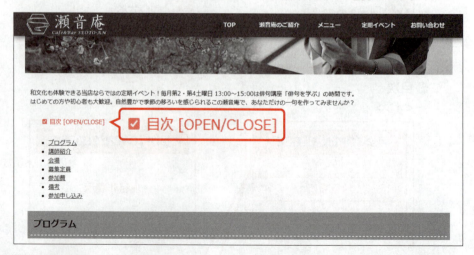

※ラベルをクリックして、チェックボックスのオン・オフが切り替わることを確認しておきましょう。

2 目次が開いている状態の設定

目次が開いている状態（チェックボックスがオンの状態）の設定をします。目次は、この状態が通常時です。
HTMLファイル「haiku.html」を編集して、目次内のul要素にID「mokuji_inner」を設定しましょう。次に、CSSファイル「style.css」を編集して、ID「mokuji_title」が「:checked」状態（目次が開いている状態）の場合に、以降に記述されたID「mokuji_inner」の中のli要素に、次のスタイルを設定しましょう。

スタイル	値
高さ	38px
不透明度	1（完全に不透明）

①コーディングソフトで「haiku.html」を表示し、次のように入力します。

```html
<div id="mokuji">
    <input type="checkbox" id="mokuji_title" checked>
    <label for="mokuji_title">目次 [OPEN/CLOSE]</label>
    <ul id="mokuji_inner">
```

※次の操作のために、上書き保存しておきましょう。

②コーディングソフトで「style.css」を表示し、次のように入力します。

```css
/* 目次 */

#mokuji a:hover {
    color: #427382;
    text-decoration: none;
}
#mokuji_title:checked ~ #mokuji_inner li {
    height: 38px;
    opacity: 1;
}
```

※次の操作のために、上書き保存しておきましょう。

③ブラウザーでWebページを再読み込みして、編集結果を確認します。

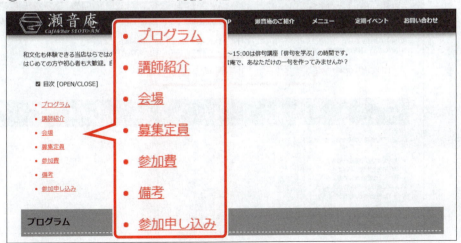

※チェックボックスがオンの状態（目次が開いている状態）のスタイルを確認しましょう。

150

3 目次が閉じている状態の設定

ラベルをクリックしてチェックボックスがオフになると、目次が閉じられるようにします。
目次が閉じているとき、li要素の高さを0にして、この高さからあふれた部分は切り取られるようにします。さらに、目次を完全に透明にすることで、目次が非表示に見えます。
CSSファイル「style.css」を編集して、ID「mokuji」の中のli要素に、次のスタイルを設定しましょう。

スタイル	値
オーバーフロー時の動作	あふれた部分を切り取って表示（hidden）
高さ	0
不透明度	0（完全に透明）

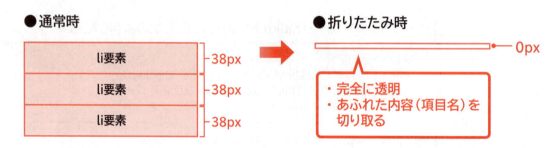

① コーディングソフトで「style.css」を表示し、次のように入力します。

```
#mokuji a:hover {
    color: #427382;
    text-decoration: none;
}
#mokuji li {
    overflow: hidden;
    height: 0;
    opacity: 0;
}
```

※次の操作のために、上書き保存しておきましょう。

② ブラウザーでWebページを再読み込みして、編集結果を確認します。

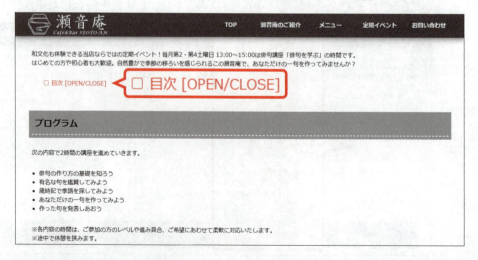

※ラベルをクリックして、チェックボックスがオフの状態（目次が閉じている状態）のスタイルを確認しましょう。

> **STEP UP** リストの行頭文字を非表示にする

li要素のoverflowプロパティの値「hidden」を設定することで、要素の外にあふれた目次項目が非表示になります。目次項目には行頭文字の「●」がついているので、併せて非表示になります。
リストの行頭文字だけを非表示にする場合は、list-style-typeプロパティを設定し、値を「none」にします。

4 チェックボックスの非表示

目次を開閉するには、ラベルをクリックすればよいので、チェックボックスを操作する必要はありません。
CSSファイル「**style.css**」を編集して、チェックボックスを非表示にしましょう。ID「**mokuji**」の中のinput要素の表示形式を「**表示しない**」(none)に設定します。

①コーディングソフトで「**style.css**」を表示し、次のように入力します。

```css
/* 目次 */

#mokuji_title:checked ~ #mokuji_inner li {
    height: 38px;
    opacity: 1;
}
#mokuji input {
    display: none;
}
```

※次の操作のために、上書き保存しておきましょう。

②ブラウザーでWebページを再読み込みして、編集結果を確認します。

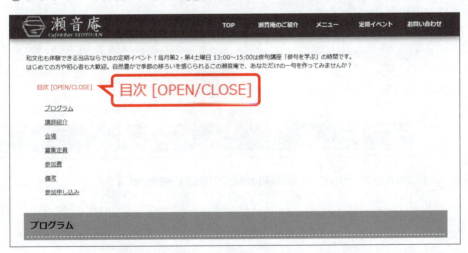

※チェックボックスが非表示になることを確認しましょう。

3 目次を閉じる動作の設定

目次を閉じるとき、トランジションの変化にかかる時間を設定することで、目次が折りたたまれるような表現にできます。
CSSファイル「**style.css**」を編集して、ID「**mokuji**」の中のli要素に、次のスタイルを設定しましょう。

スタイル	値
変化にかかる時間	0.5秒（s）

①コーディングソフトで「style.css」を表示し、次のように入力します。

```
#mokuji li {
    overflow: hidden;
    height: 0;
    opacity: 0;
    transition-duration: 0.5s;
}
```

※次の操作のために、上書き保存しておきましょう。

②ブラウザーでWebページを再読み込みして、編集結果を確認します。

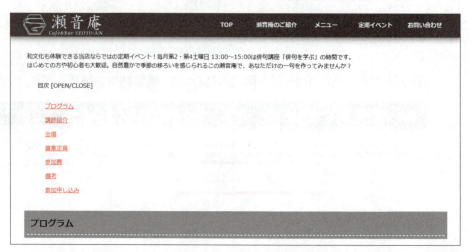

※ラベルをクリックして、目次を開閉するときの動きを確認しましょう。

STEP 3 目次のレイアウトを設定する

1 目次全体のレイアウト

目次全体の位置やサイズを調整します。
CSSファイル「**style.css**」を編集して、ID「**mokuji**」に次のスタイルを設定しましょう。

スタイル	値
最大幅	450px
マージン（上下・左右）	1rem　自動（auto）
ボーダー	2px　実線（solid）　くすんだ水色（#9fbdc7）
4つの角を丸くする	半径4px

①コーディングソフトで「**style.css**」を表示し、次のように編集します。

●編集前

```
#mokuji {
    margin-left: 30px;
}
```

●編集後

```
#mokuji {
    max-width: 450px;
    margin: 1rem auto;
    border: 2px solid #9fbdc7;
    border-radius: 4px;
}
```

※次の操作のために、上書き保存しておきましょう。

②ブラウザーでWebページを再読み込みして、編集結果を確認します。

154

2 タイトルのレイアウト

label要素が目次のタイトル部分になります。タイトルのレイアウトを設定しましょう。
また、タイトルをクリックすると目次が開閉しますが、タイトルにはa要素を使用していないため、マウスでポイントしてもカーソルが変わりません。「**cursorプロパティ**」を使ってカーソルの種類を変え、タイトルがクリックできる対象であるとわかるようにします。
CSSファイル「**style.css**」を編集して、ID「**mokuji**」の中のlabel要素に、次のスタイルを設定しましょう。

スタイル	値
表示形式	ブロックで表示（block）
パディング（上下・左右）	10px　15px
背景色	くすんだ水色（#9fbdc7）
カーソル	🖑（pointer）

①コーディングソフトで「**style.css**」を表示し、次のように入力します。

```
#mokuji input {
    display: none;
}
#mokuji label {
    display: block;
    padding: 10px 15px;
    background-color: #9fbdc7;
    cursor: pointer;
}
```

※次の操作のために、上書き保存しておきましょう。

②ブラウザーでWebページを再読み込みして、編集結果を確認します。

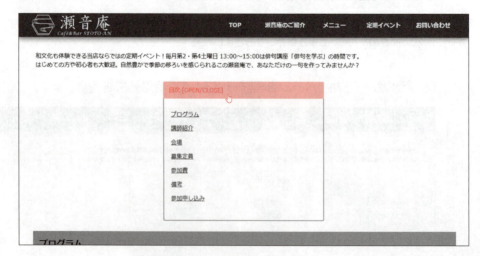

3 目次項目のレイアウト

ul要素の中のli要素が目次項目になります。目次項目のレイアウトを設定しましょう。

1 目次項目全体のレイアウト

目次項目全体のレイアウトを設定します。
CSSファイル「**style.css**」を編集して、ID「**mokuji**」の中の各要素に、次のスタイルを設定しましょう。

●ID「mokuji」の中のa要素

スタイル	値
表示形式	ブロックで表示（block）
パディング（上下・左右）	8px　15px
文字列の装飾	なし（none）
文字色	黒色（#000000）

※ID「mokuji」の中のa要素の擬似クラス「:hover」は削除します。

●ID「mokuji」の中のul要素

スタイル	値
マージン（上下左右）	0
パディング（上下左右）	0
背景色	薄い灰色（#f4f4f4）

①コーディングソフトで「**style.css**」を表示し、次のように編集します。

●編集前

```
/* 目次 */
#mokuji {
    max-width: 450px;
    margin: 1rem auto;
    border: 2px solid #9fbdc7;
    border-radius: 4px;
}
#mokuji a {
    color: #305662;
}
```

●編集後

```
/* 目次 */
#mokuji {
    max-width: 450px;
    margin: 1rem auto;
    border: 2px solid #9fbdc7;
    border-radius: 4px;
}
#mokuji a {
    display: block;
    padding: 8px 15px;
    text-decoration: none;
    color: #000000;
}
```

②次の部分を削除します。

```
#mokuji a {
    display: block;
    padding: 8px 15px;
    text-decoration: none;
    color: #000000;
}
#mokuji a:hover {
    color: #427382;
    text-decoration: none;
}
```

③次のように入力します。

```
#mokuji a {
    display: block;
    padding: 8px 15px;
    text-decoration: none;
    color: #000000;
}
#mokuji ul {
    margin: 0;
    padding: 0;
    background-color: #f4f4f4;
}
```

※次の操作のために、上書き保存しておきましょう。

④ブラウザーでWebページを再読み込みして、編集結果を確認します。

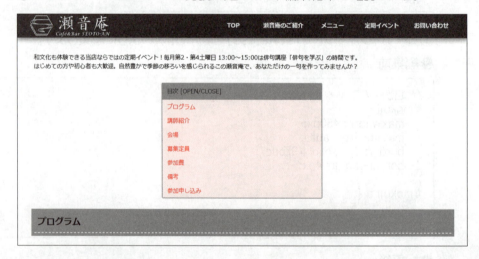

2 マウスでポイントしたときの表示の設定

各目次項目をマウスでポイントしたとき、背景が少し濃い灰色（#d4d4d4）になるように設定します。
CSSファイル「style.css」を編集して、ID「mokuji」の中のli要素の擬似クラス「:hover」にスタイルを設定しましょう。

①コーディングソフトで「style.css」を表示し、次のように入力します。

```css
#mokuji li {
    overflow: hidden;
    height: 0;
    opacity: 0;
    transition-duration: 0.5s;
}
#mokuji li:hover {
    background-color: #d4d4d4;
}
```

※次の操作のために、上書き保存しておきましょう。

②ブラウザーでWebページを再読み込みして、編集結果を確認します。

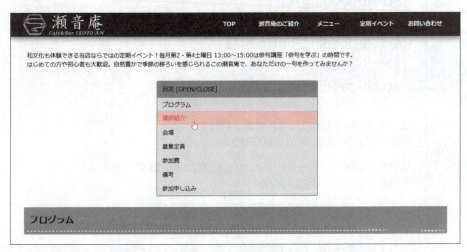

※目次項目をマウスでポイントして、背景色が変わることを確認しましょう。

158

STEP 4 ページ内リンクの動作を調整する

1 リンク先の表示位置の調整

目次項目をクリックすると該当する見出しが表示されるようにページ内リンクが設定されていますが、実際にクリックすると、見出しの少し下の位置が表示されます。これは、P.122「**第7章 STEP5 ヘッダーを固定する**」でヘッダーの位置を固定したことで、見出しがヘッダーのうしろに隠れているためです。この状態を解消するために、「**scroll-padding-topプロパティ**」を使います。

■ **scroll-paddingプロパティ**
　scroll-padding-top、scroll-padding-bottom、
　scroll-padding-left、scroll-padding-rightプロパティ

スクロールする位置を指定した幅だけずらします。

```
scroll-padding：幅
scroll-padding-top：幅
scroll-padding-bottom：幅
scroll-padding-left：幅
scroll-padding-right：幅
```

幅には、数値＋単位または％を設定します。
数値が「0」の場合は、単位を省略できます。

例：html要素のスクロールパディング（上）を2remに設定
　　html {scroll-padding-top: 2rem;}

CSSファイル「**style.css**」を編集して、Webページ全体（html要素）のスクロールパディング（上）を75pxに設定し、スクロール位置をずらしましょう。

●設定前　　　　　　　　　　　　●設定後

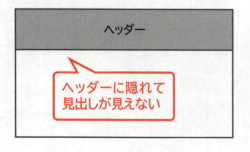
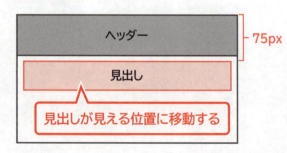

①コーディングソフトで「**style.css**」を表示し、次のように入力します。

```
@charset "utf-8";
html {
    scroll-padding-top: 75px;
}
```

※次の操作のために、上書き保存しておきましょう。

②ブラウザーでWebページを再読み込みして、編集結果を確認します。

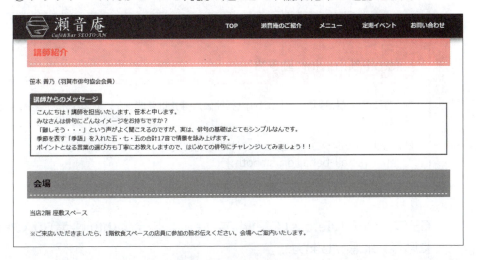

※任意の目次項目をクリックして、該当する見出しが表示されることを確認しましょう。

STEP UP スクロールバーを常に表示する

コンテンツの分量が少なく、1画面ですべての内容を表示できるWebページの場合、ブラウザーのスクロールバーは表示されません。このようなスクロールバーがないページとあるページを行き来すると、スクロールバーの幅だけ横にずれたように表示されます。
これを解消する方法の1つとして、「overflow-yプロパティ」を使って、すべてのWebページに、スクロールバーを常に表示しておく方法があります。overflow-yプロパティは、Webページ全体（html要素）に設定します。
※overflowプロパティで一括設定もできますが、y軸方向のみに値を設定する場合はoverflow-yプロパティが使えます。

```
html {overflow-y: scroll;}
```

2 スクロールの動作の設定

現在は目次項目をクリックすると、瞬時に目的の見出しへ移動するため、Webページ内のどの位置に移動したかがわかりにくい場合があります。スクロールに滑らかな動きを付けることで、移動の動きを目で追うことができるようになります。この動作を実現するには、「scroll-behaviorプロパティ」を使います。

■ scroll-behaviorプロパティ

スクロールが発生したときの動き方を設定します。

> scroll-behavior：動き方

動き方には瞬時に移動する「auto」（初期値）、または時間をかけてスムーズに移動する「smooth」を設定します。

例：html要素のスクロールをスムーズな動き方に設定
　　html {scroll-behavior: smooth;}

CSSファイル「style.css」を編集して、Webページ全体（html要素）のスクロールをスムーズに動くように設定しましょう。

①コーディングソフトで「style.css」を表示し、次のように入力します。

```
html {
    scroll-padding-top: 75px;
    scroll-behavior: smooth;
}
```

※次の操作のために、上書き保存しておきましょう。

②ブラウザーでWebページを再読み込みして、編集結果を確認します。

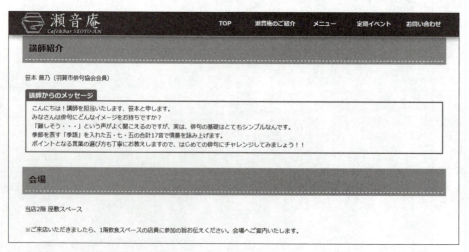

※任意の目次項目をクリックして、スムーズに動くことを確認しましょう。

※実際にWebサイトを改善するときは、「sadou.html」「koto.html」も同様に編集しておきましょう。
※すべてのファイルを閉じて、ブラウザーとコーディングソフトを終了しておきましょう。

第11章

Webページの先頭へ
戻るボタンの作成

STEP 1 編集するWebページを確認する··· 163
STEP 2 ボタンを作成する ·· 164

STEP 1 編集するWebページを確認する

1 編集するWebページの確認

Webページの先頭へスクロールして戻るボタンを作成します。

haiku.html

●スクロール前

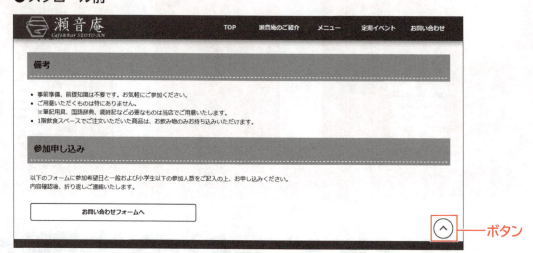

ボタン

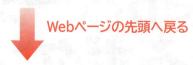

Webページの先頭へ戻る

●スクロール後

Webページの先頭

STEP 2 ボタンを作成する

1 Webページの先頭へ戻るボタン

縦に長いWebページは一度スクロールして下部まで見てしまうと、再度ページの先頭へ戻るのに時間がかかります。このような場合、ユーザーの利便性を高めるために、Webページの先頭へ戻るためのリンクをページ内に設置するとよいでしょう。

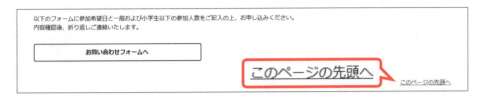

現在、Webページの先頭へ戻るためのリンクをフッター付近に設置していますが、Webページの途中を見ている段階でリンクを利用できません。各セクションの下部にリンクを配置する方法もありますが、同じリンクを複数設置すると、煩雑な印象を与える可能性があります。そこで、Webページの先頭へ戻るボタンを作成し、常に画面の固定の位置に表示されるようにします。これにより、Webページの途中を見ている段階でも、Webページの先頭へ戻ることができるようになります。

2 ボタンの作成

HTMLファイル「**haiku.html**」を編集して、ボタンの外枠に使うa要素（ID：pagetop）とその中のマークに使うdiv要素（ID：pagetop_inner）を配置し、現在のWebページの先頭へ戻るリンクと置き換えます。
次に、CSSファイル「**style.css**」を編集して、現在のページの先頭へ戻るリンクに使用しているスタイルを削除します。

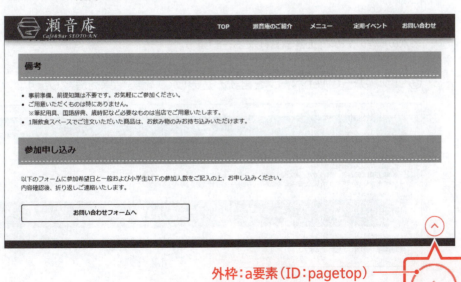

外枠：a要素（ID：pagetop）
マーク：div要素（ID：pagetop_inner）

フォルダー「seoto-an」のHTMLファイル「haiku.html」をブラウザーとコーディングソフトで、CSSファイル「style.css」をコーディングソフトで開いておきましょう。

①コーディングソフトで「haiku.html」を表示し、次のように編集します。

●編集前

```
    </article>
    <p id="totop"><a href="#">このページの先頭へ</a></p>
</main>
<footer>
```

●編集後

```
    </article>
    <a id="pagetop" href="#"><div id="pagetop_inner"></div></a>
</main>
<footer>
```

※従来のIDと混同しないよう、新たなIDを設定しています。
※次の操作のために、上書き保存しておきましょう。

②コーディングソフトで「style.css」を表示し、次の部分を削除します。

```
/* ページの先頭へ戻る */
#totop {
    max-width: 1200px;
    text-align: right;
    margin: 0 auto;
    padding: 0 1rem 1rem 0;
}
#totop a {
    color: #305662;
}
#totop a:hover {
    color: #427382;
    text-decoration: none;
}
```

※次の操作のために、上書き保存しておきましょう。

③ブラウザーでWebページを再読み込みして、編集結果を確認します。

※テキストリンク「このページの先頭へ」が削除されていることを確認します。

3 ボタンの外枠のデザインの設定

ボタンの外枠を表すa要素（ID：pagetop）の4つの角をそれぞれ50%丸くして、円の形にします。
CSSファイル「**style.css**」を編集して、ID「**pagetop**」を作成し、次のスタイルを設定しましょう。

スタイル	値
4つの角を丸くする	半径50%
高さ	55px
幅	55px
背景色	白色（#ffffff）
ボーダー	2px　実線（solid）　黒みがかった水色（#113c4a）

①コーディングソフトで「**style.css**」を表示し、次のように入力します。

```
/* ページの先頭へ戻る */
#pagetop {
    border-radius: 50%;
    height: 55px;
    width: 55px;
    background-color: #ffffff;
    border: 2px solid #113c4a;
}
```

※次の操作のために、上書き保存しておきましょう。

②ブラウザーでWebページを再読み込みして、編集結果を確認します。

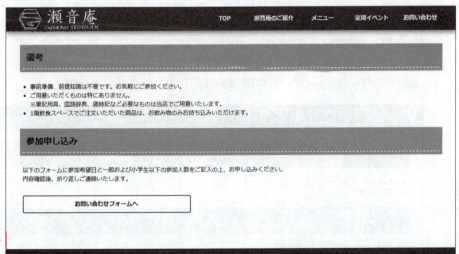

※配置の設定を行っていないため、現段階では画面左端にわずかに見える程度の状態です。

4 ボタンの配置と重なり順の設定

ボタンの配置を設定し、Webページの右下に固定して表示されるようにします。
さらに、z-indexプロパティで重なり順を設定して、main要素とfooter要素（初期値：auto）の上にボタンが表示されるようにします。
CSSファイル「**style.css**」を編集して、ID「**pagetop**」に、次のスタイルを設定しましょう。

スタイル	値
要素の位置	ブラウザーの表示領域を基準に配置（fixed）
右	30px
下	30px
重なり順	100 ※autoの上に重ねるには、1以上の整数を設定します。
不透明度	0.9

①コーディングソフトで「**style.css**」を表示し、次のように入力します。

```
#pagetop {
    border-radius: 50%;
    height: 55px;
    width: 55px;
    background-color: #ffffff;
    border: 2px solid #113c4a;
    position: fixed;
    right: 30px;
    bottom: 30px;
    z-index: 100;
    opacity: 0.9;
}
```

※次の操作のために、上書き保存しておきましょう。

②ブラウザーでWebページを再読み込みして、編集結果を確認します。

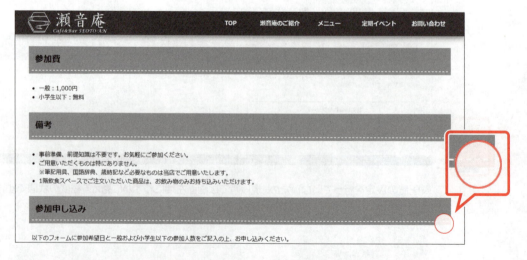

※スクロールして、ボタンの外枠が固定して表示されることを確認しておきましょう。

5 ボタンのマークの作成

ボタンを押したときの動作が一目でわかるように、スクロール方向を示すマークを作成します。

1 フレックスボックスレイアウトの設定

ボタンの中のマークを配置するため、a要素(ID：pagetop)をコンテナ、div要素(ID：pagetop_inner)をアイテムとしたフレックスボックスレイアウトを設定します。
また、マークが、ボタン内の中央の位置に表示されるように、コンテナ内のアイテムを横方向に配置するjustify-contentプロパティと縦方向に揃えるalign-itemsプロパティを組み合わせて設定します。
CSSファイル「**style.css**」を編集して、ID「**pagetop**」に、次のスタイルを設定しましょう。

スタイル	値
表示形式	フレックスボックスレイアウトで表示(flex)
アイテムの配置形式(横方向)	アイテムをコンテナの中央に寄せて配置(center)
アイテムの揃え方(縦方向)	アイテムをコンテナの中央に寄せて揃える(center)

①コーディングソフトで「**style.css**」を表示し、次のように入力します。

```css
/* ページの先頭へ戻る */
#pagetop {
    border-radius: 50%;
    height: 55px;
    width: 55px;
    background-color: #ffffff;
    border: 2px solid #113c4a;
    position: fixed;
    right: 30px;
    bottom: 30px;
    z-index: 100;
    opacity: 0.9;
    display: flex;
    justify-content: center;
    align-items: center;
}
```

※次の操作のために、上書き保存しておきましょう。

②ブラウザーでWebページを再読み込みして、編集結果を確認します。

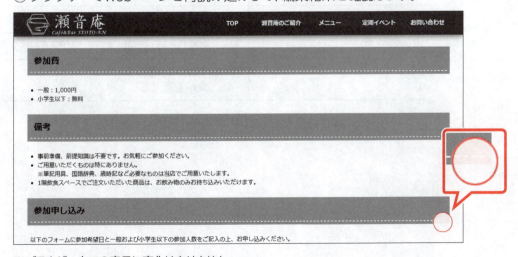

※ブラウザー上での表示に変化はありません。

2 マークの作成

ボタン内に、Webページの上部へスクロールすることが視覚的にわかるマークを作成します。上向きマークには、「∧」「△」「↑」などが使われます。「ページの上部へ」など、文字列で記載することもあります。

ここでは、上向きマークとして「∧」の形を作成します。円の中央に配置したdiv要素に高さと幅を設定し、上と右にボーダーを設定します。さらに、div要素を縦方向に20％移動してから、反時計周りに45°回転すると、円の中心に上向きマークが作成されます。

●高さと幅を設定

●上と右にボーダーを設定

●移動・回転

CSSファイル「**style.css**」を編集して、ID「**pagetop_inner**」を作成し、次のスタイルを設定しましょう。

スタイル	値
高さ	15px
幅	15px
ボーダー（上）	3px　実線（solid）　濃い水色（#305662）
ボーダー（右）	3px　実線（solid）　濃い水色（#305662）
トランスフォーム	Y軸方向に20％移動する −45°（deg）回転する

①コーディングソフトで「**style.css**」を表示し、次のように入力します。

```css
/* ページの先頭へ戻る */
#pagetop {
    border-radius: 50%;
    height: 55px;
    width: 55px;
    background-color: #ffffff;
    border: 2px solid #113c4a;
    position: fixed;
    right: 30px;
    bottom: 30px;
    z-index: 100;
    opacity: 0.9;
    display: flex;
    justify-content: center;
    align-items: center;
}
#pagetop_inner {
    height: 15px;
    width: 15px;
    border-top: 3px solid #305662;
    border-right: 3px solid #305662;
    transform: translate(0, 20%) rotate(-45deg);
}
```

※次の操作のために、上書き保存しておきましょう。

②ブラウザーでWebページを再読み込みして、編集結果を確認します。

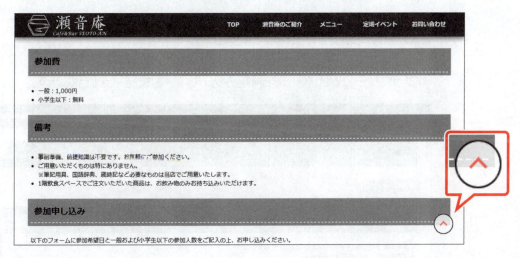

6 マウスでポイントしたときの表示の設定

ボタンをマウスでポイントしたときに、背景色が変化するようにします。
CSSファイル「**style.css**」を編集して、ID「**pagetop**」の擬似クラス「**:hover**」を作成し、次のスタイルを設定しましょう。

スタイル	値
背景色	薄い水色（#cde2f0）

①コーディングソフトで「**style.css**」を表示し、次のように入力します。

```css
/* ページの先頭へ戻る */
#pagetop {
    〜
    align-items: center;
}
#pagetop:hover {
    background-color: #cde2f0;
}
#pagetop_inner {
    height: 15px;
    width: 15px;
    border-top: 3px solid #305662;
    border-right: 3px solid #305662;
    transform: translate(0, 20%) rotate(-45deg);
}
```

※次の操作のために、上書き保存しておきましょう。

②ブラウザーでWebページを再読み込みして、編集結果を確認します。

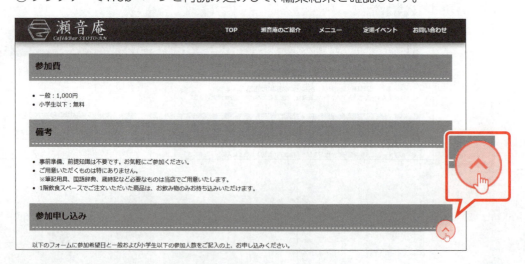

※ボタンをマウスでポイントして、背景色が変わることを確認しましょう。

※実際にWebサイトを改善するときは、ほかのWebページも編集が必要です。同様にWebページの先頭へ戻るボタンへの変更または追加をしておきましょう。
※すべてのファイルを閉じて、ブラウザーとコーディングソフトを終了しておきましょう。

第12章

アクセス数向上を意識した設定

STEP 1	設定する内容を確認する	173
STEP 2	ファビコンとアップルタッチアイコンを設定する	174
STEP 3	ソーシャルメディアボタンを設定する	177
STEP 4	OGPを設定する	184

STEP 1 設定する内容を確認する

1 設定する内容の確認

より多くのユーザーにWebサイトにアクセスしてもらうための設定をします。

●index.html

ファビコンの設定

ソーシャルメディアボタンの設定

●iPhoneのホーム画面

アップルタッチアイコンの設定

●ソーシャルメディアの画面イメージ

OGPの設定

STEP 2 ファビコンとアップルタッチアイコンを設定する

1 ファビコンの概要

「**ファビコン**」は、Favorite Icon（お気に入りのアイコン）の略で、ブラウザーのアドレスバー、ブックマークリスト、タブなどに表示される小さなアイコンです。検索エンジンの検索結果にも、Webページ名と併せて表示されます。ファビコンには、Webサイトの識別を容易にしたり、ブランドイメージの認識を高めたりする効果があります。

●Googleの検索結果の例

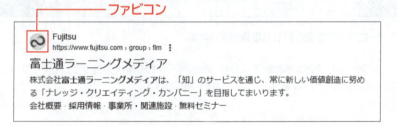

2 ファビコンの設定

ファビコンに設定するアイコンとして、事前に次のような画像を用意し、サーバー上のルートディレクトリに保存しておく必要があります。

項目	内容
ファイル形式	icoファイル
ファイル名	favicon.ico
画像サイズ	一般的には16px×16pxまたは32px×32px ※大きなサイズもサポートしているブラウザーや表示環境もあります。

※本書では、すでにファビコンの画像をルートディレクトリ内に用意してあります。

ファビコンは、head要素内のlink要素に記述します。
HTMLファイル「**index.html**」を編集して、画像「**favicon.ico**」をファビコンとして設定しましょう。

» フォルダー「seoto-an」のHTMLファイル「index.html」をブラウザーとコーディングソフトで開いておきましょう。

①コーディングソフトで「index.html」を表示し、次のように入力します。

```
<head>
    <meta charset="utf-8">
    <title>Café&amp;Bar 瀬音庵 公式サイト</title>
    <link rel="stylesheet" href="css/reset.css">
    <link rel="stylesheet" href="css/style.css">
    <link rel="icon" href="favicon.ico">
```

※次の操作のために、上書き保存しておきましょう。

②ブラウザーでWebページを再読み込みして、編集結果を確認します。

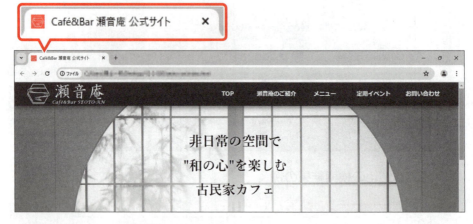

※ブラウザーによって表示が異なる場合があります。

※実際にWebサイトを改善するときは、ほかのWebページも編集が必要です。同様にファビコンを設定しておきましょう。画像の参照先は、各ページに合わせて調整します。

3 アップルタッチアイコンの概要

ファビコンと同じような機能を持つアイコンに、「**アップルタッチアイコン**」があります。アップルタッチアイコンは、iPhoneやiPadといったiOSやiPadOSのスマートデバイスで、ホーム画面に追加できるWebサイトのショートカットアイコンです。ホーム画面から直接Webサイトを表示できるので、Webサイトへアクセスしやすくする効果があります。アップルタッチアイコンは、ブランドイメージが伝わるアイコンを設定しておくとよいでしょう。

4 アップルタッチアイコンの設定

アップルタッチアイコンとして、事前に次のような画像を用意し、サーバー上のルートディレクトリに保存しておく必要があります。

項目	内容
ファイル形式	pngファイル
ファイル名	apple-touch-icon.png
画像サイズ	一般的には180px×180px ※2024年7月時点。

※本書では、すでにアップルタッチアイコンの画像をルートディレクトリ内に用意してあります。

アップルタッチアイコンは、head要素内のlink要素に記述します。
HTMLファイル「**index.html**」を編集して、画像「**apple-touch-icon.png**」をアップルタッチアイコンとして設定しましょう。

①コーディングソフトで「**index.html**」を表示し、次のように入力します。

```
<head>
    <meta charset="utf-8">
    <title>Café&amp;Bar 瀬音庵 公式サイト</title>
    <link rel="stylesheet" href="css/reset.css">
    <link rel="stylesheet" href="css/style.css">
    <link rel="icon" href="favicon.ico">
    <link rel="apple-touch-icon" href="apple-touch-icon.png" sizes="180x180">
```

※次の操作のために、上書き保存しておきましょう。
※パソコンで表示したときには変化はありません。

※実際にWebサイトを改善するときは、ほかのWebページも編集が必要です。同様にアップルタッチアイコンを設定しておきましょう。画像の参照先は、各ページに合わせて調整します。

POINT アップルタッチアイコンのサイズの指定

アップルタッチアイコンのサイズは、link要素内のsizes属性で設定します。sizes属性の値は、画像の実際の幅と高さのピクセル数を「幅x高さ」で記載します。
※幅と高さの間は、「x」(エックス)でつなぎます。

STEP UP ホーム画面へのアップルタッチアイコンの追加

iOSやiPadOSのブラウザー「Safari」で、Webページへのショートカットとしてアップルタッチアイコンをホーム画面に追加する方法は、次のとおりです。
◆Webページを表示→⬆️→《ホーム画面に追加》

176

STEP 3 ソーシャルメディアボタンを設定する

1 Webサイトとソーシャルメディアの連携

「ソーシャルメディア」は、企業や団体、個人、国の機関など、誰もが情報を発信したり、相互にコミュニケーションをとったりできるインターネット上のメディアです。「SNS（Social Networking Service）」などのソーシャルメディアは世界的に普及し、利用者も非常に多く、私たちの生活とは切り離せないサービスとなりました。

インターネット上の情報発信では、Webサイトとソーシャルメディアを連携させることが重要です。

Webサイトにソーシャルメディアへのボタンを設定することで、自社のSNS公式アカウントの存在をユーザーに知らせることができます。逆に、公式アカウントをフォローしているユーザーをWebサイトへ誘導してアクセスを増やし、Webサイトの情報をソーシャルメディアで共有してもらうことで、コンテンツの閲覧や商品の購入につなげることができます。

2 ソーシャルメディアボタンの作成

「Café&Bar 瀬音庵」では、「X」と「Instagram」の2つのソーシャルメディアに公式アカウントを持っています。ユーザーをそれぞれの公式アカウントに誘導するためのリンクを、ボタンの形にデザインして作成します。

ボタンは、それぞれのソーシャルメディアのイメージに合わせた色を設定します。また、ボタンはフッターのアクセスマップの下側に設置します。

STEP UP　ソーシャルメディア公式ロゴの使用

ソーシャルメディアボタンを作成する際に、各サービス公式のロゴ画像を使用すると、文字列と比べてより直感的にソーシャルメディアの種類を表すことができます。ロゴ画像を無償で利用できるソーシャルメディアが多いですが、必ず各サービスの利用規約やデザインのガイドラインを読み、その内容に従いましょう。

1 ソーシャルメディアへのリンクの配置

まず、ソーシャルメディアアカウントへのリンクを配置します。文字列をa要素で囲み、共通のクラス (snsbtn) と各リンクのクラス (xbtn、instabtn) を設定します。このクラスは、ボタンの形にデザインするときに使用します。

HTMLファイル「index.html」を編集し、次のようにa要素で囲んだ**「X公式アカウント」「Instagram公式アカウント」**の文字列を続けて入力しましょう。

※本書では、各ソーシャルメディアのリンク先URLを「#」と設定しています。実際には、アカウントのURLを指定してください。

●a要素（X公式アカウント）

属性	値
リンク先	#
クラス	snsbtn xbtn

●a要素（Instagram公式アカウント）

属性	値
リンク先	#
クラス	snsbtn instabtn

①コーディングソフトで「index.html」を表示し、次のように入力します。

```
<div id="map"><img src="image/map.jpg" alt="Café&Bar 瀬音庵のアクセスマップ"></div>
<a href="#" class="snsbtn xbtn">X公式アカウント</a><a href="#" class="snsbtn instabtn">Instagram公式アカウント</a>
```

※次の操作のために、上書き保存しておきましょう。

②ブラウザーでWebページを再読み込みして、編集結果を確認します。

2 共通のレイアウトの設定

2つのボタンに共通するレイアウトを設定します。
CSSファイル「style.css」を編集して、クラス「snsbtn」を作成し、次のスタイルを設定しましょう。

スタイル	値
表示形式	インラインブロックで表示（inline-block）
フォントサイズ	親要素より1段階小さいサイズ（smaller）
フォントの太さ	700
文字色	白色（#ffffff）
文字の装飾	なし（none）
幅	48%
行揃え	中央揃え（center）
マージン（下）	1rem
パディング（上下左右）	5px

 » フォルダー「seoto-an」のCSSファイル「style.css」をコーディングソフトで開いておきましょう。

①コーディングソフトで「style.css」を表示し、次のように入力します。

```
#copyright {
    border-top: 1px solid #ffffff;
    margin-top: 15px;
    padding-top: 5px;
}

/* ソーシャルメディアボタン */
.snsbtn {
    display: inline-block;
    font-size: smaller;
    font-weight: 700;
    color: #ffffff;
    text-decoration: none;
    width: 48%;
    text-align: center;
    margin-bottom: 1rem;
    padding: 5px;
}
```

※次の操作のために、上書き保存しておきましょう。

②ブラウザーでWebページを再読み込みして、編集結果を確認します。

3 各ボタンのレイアウトの設定

ソーシャルメディアのイメージに合わせて、それぞれのボタンに背景の斜め方向のグラデーションを設定します。X公式アカウントのボタンには濃い灰色から薄い灰色のグラデーション、Instagram公式アカウントのボタンには橙色から紫色のグラデーションを設定します。また、2つのボタンの間隔を設定します。

CSSファイル「**style.css**」を編集して、クラス「**xbtn**」と「**instabtn**」を作成し、次のスタイルを設定しましょう。

●クラス「xbtn」

スタイル	値
背景	グラデーションを設定 (linear-gradient) 　方向：45°(deg) 　開始色：濃い灰色 (#353535) 　開始位置：35% 　終了色：薄い灰色 (#575757) 　終了位置：100%
マージン (右)	10px

●クラス「instabtn」

スタイル	値
背景	グラデーションを設定 (linear-gradient) 　方向：45°(deg) 　開始色：橙色 (#c15129) 　開始位置：35% 　終了色：紫色 (#5524af) 　終了位置：100%

①コーディングソフトで「**style.css**」を表示し、次のように入力します。

```
/* ソーシャルメディアボタン */
.snsbtn {
    display: inline-block;
    font-size: smaller;
    font-weight: 700;
    color: #ffffff;
    text-decoration: none;
    width: 48%;
    text-align: center;
    margin-bottom: 1rem;
    padding: 5px;
}
.xbtn {
    background: linear-gradient(45deg, #353535 35%, #575757 100%);
    margin-right: 10px;
}
.instabtn {
    background: linear-gradient(45deg, #c15129 35%, #5524af 100%);
}
```

※次の操作のために、上書き保存しておきましょう。

180

②ブラウザーでWebページを再読み込みして、編集結果を確認します。

3 マウスでポイントしたときの表示の設定

ボタンをマウスでポイントしたときに、白色の枠が表示されるようにします。ポイント時だけに枠を設定した場合、枠の分だけボタンの幅が広がり、表示位置がずれてしまいます。そこで、通常時にもフッターの色と同色の枠を付けておくことで、表示位置のずれを防ぎます。また、時間をかけて枠の色が変わるようにします。
CSSファイル「**style.css**」を編集して、クラス「**snsbtn**」とその擬似クラス「**:hover**」に、次のスタイルを設定しましょう。

●クラス「snsbtn」（通常時）

スタイル	値
ボーダー（上下左右）	1px　実線（solid）　濃い水色（#305662）
4つの角を丸くする	半径5px
変化にかかる時間	0.4秒（s）

●クラス「snsbtn」の擬似クラス「:hover」（マウスポイント時）

スタイル	値
ボーダー（上下左右）	1px　実線（solid）　白色（#ffffff）

●通常時　　　　　　　　　　　　　●マウスポイント時

ボーダーが設定してあるが周囲と同色で見えない

ボーダーの色が変わって見えるようになる

①コーディングソフトで「**style.css**」を表示し、次のように入力します。

```css
/* ソーシャルメディアボタン */
.snsbtn {
    display: inline-block;
    font-size: smaller;
    font-weight: 700;
    color: #ffffff;
    text-decoration: none;
    width: 48%;
    text-align: center;
    margin-bottom: 1rem;
    padding: 5px;
    border: 1px solid #305662;
    border-radius: 5px;
    transition-duration: 0.4s;
}
.snsbtn:hover {
    border: 1px solid #ffffff;
}
```

※次の操作のために、上書き保存しておきましょう。

②ブラウザーでWebページを再読み込みして、編集結果を確認します。

※ボタンをマウスでポイントして、ボタンの周囲に枠が表示されることを確認しておきましょう。

※実際にWebサイトを改善するときは、ほかのWebページも編集が必要です。同様にソーシャルメディアボタンを設定しておきましょう。

次に進む前に必ず操作しよう

CSSファイル「**style.css**」を編集して、画面幅が768px以下の場合のクラス「**snsbtn**」を作成し、次のスタイルを設定しましょう。

スタイル	値
幅	100%
フォントサイズ	標準（medium）
パディング（上下左右）	10px

 操作手順

コーディングソフトで「**style.css**」を表示し、次のように入力します。

```
/* 768px以下の場合 */
@media(max-width: 768px) {

    /* フッター */
    #footer_inner {
        max-width: 100%;
    }
    #footer_inner > div {
        justify-content: center;
    }
    #copyright {
        text-align: center;
    }

    /* ソーシャルメディアボタン */
    .snsbtn {
        width: 100%;
        font-size: medium;
        padding: 10px;
    }
```

※上書き保存して、ブラウザーで編集結果を確認しておきましょう。

STEP 4　OGPを設定する

1　OGPの概要

「OGP（Open Graph Protocol）」は、XやfacebookなどのソーシャルメディアでwebページのURLを投稿したときに、Webページのタイトルや説明文、イメージ画像などの情報を自動的に表示する仕組みです。OGPを設定しておくと、手動でWebページの情報を入力する必要がなく、伝えたい情報をわかりやすく伝えることができます。特に、画像はソーシャルメディアの中で目に留まりやすく、大きなインパクトを与えることから、ソーシャルメディアからWebサイトへアクセスする重要なきっかけとなります。

●OGP設定なし

●OGP設定あり（specialmenu.htmlに設定したイメージ）

2 OGPの宣言

OGPを設定する際には、html要素のprefix属性で宣言を記述します。

●記述例

```
<html lang="ja" prefix="og: https://ogp.me/ns#">
```

HTMLファイル「**index.html**」を編集し、OGPの宣言を記述しましょう。

①コーディングソフトで「**index.html**」を表示し、次のように入力します。

```
<!DOCTYPE html>
<html lang="ja" prefix="og: https://ogp.me/ns#">
```

3 OGPの設定

OGPは、head要素の中にmeta要素として設定します。

1 一般的なOGPの設定

meta要素のproperty属性で情報の種類を設定し、content属性で情報の内容を記述します。

●記述例（Webサイトのタイトルの設定）

```
<meta property="og:site_name" content="Webサイトのタイトル">
```

property属性で設定できる項目は、次のとおりです。

情報の種類（property属性）	情報の内容（content属性）
og:site_name	Webサイトのタイトル
og:url	WebページのURL ※URLは絶対パスで記述します。
og:type	Webページの種類 例：Webサイトのトップページの場合　website 　　記事ページの場合　article　　　　　　　など
og:title	Webページのタイトル
og:description	Webページの説明文
og:image	イメージ画像のURL ※URLは絶対パスで記述します。
og:locale	サポートする言語 例：日本語の場合　ja_JP ※初期値はen_US（英語）です。 ※多言語対応の場合は、og:locale:alternateを使います。

HTMLファイル「index.html」を編集し、次のようにOGPを設定しましょう。

情報の種類（property属性）	情報の内容（content属性）
og:site_name	Café&Bar 瀬音庵 公式サイト
og:url	https://seoto-an.XXXXXX.XXX/
og:type	website
og:title	Café&Bar 瀬音庵 公式サイト
og:description	古民家を改装した「Café&Bar 瀬音庵」は羽賀市の清滝川のほとりに位置しています。お昼のCafé Timeと夜のBar Timeでそれぞれ雰囲気にあわせたメニューを提供しています。心安らぐひとときをお楽しみください。
og:image	https://seoto-an.XXXXXX.XXX/image/og.jpg
og:locale	ja_JP

※URLは架空の内容です。
※本書では、すでにOGP用の画像をフォルダー「image」内に用意してあります。

①コーディングソフトで「index.html」を表示し、次のように入力します。

```
<head>
    <meta charset="utf-8">
    <title>Café&amp;Bar 瀬音庵 公式サイト</title>
    <link rel="stylesheet" href="css/reset.css">
    <link rel="stylesheet" href="css/style.css">
    <link rel="icon" href="favicon.ico">
    <link rel="apple-touch-icon" href="apple-touch-icon.png" sizes="180x180">
    <meta name="description" content="古民家を改装した「Café&Bar 瀬音庵」は羽賀市の清滝川のほとりに位置しています。お昼のCafé Timeと夜のBar Timeでそれぞれ雰囲気にあわせたメニューを提供しています。心安らぐひとときをお楽しみください。">
    <meta name="viewport" content="width=device-width">
    <meta property="og:site_name" content="Café&Bar 瀬音庵 公式サイト">
    <meta property="og:url" content="https://seoto-an.XXXXXX.XXX/">
    <meta property="og:type" content="website">
    <meta property="og:title" content="Café&Bar 瀬音庵 公式サイト">
    <meta property="og:description" content="古民家を改装した「Café&Bar 瀬音庵」は羽賀市の清滝川のほとりに位置しています。お昼のCafé Timeと夜のBar Timeでそれぞれ雰囲気にあわせたメニューを提供しています。心安らぐひとときをお楽しみください。">
    <meta property="og:image" content="https://seoto-an.XXXXXX.XXX/image/og.jpg">
    <meta property="og:locale" content="ja_JP">
</head>
```

STEP UP **OGPで表示されるイメージ画像のサイズ**

ソーシャルメディアの種類によって、OGPで表示されるイメージ画像の縦横比が異なります。そのため、1つの画像を複数のソーシャルメディアで表示させようとすると、画像の上下や左右が自動的に切り取られてしまう可能性があります。重要な情報や目立たせたい情報は、画像内の中央に配置するようにしましょう。

2 X専用のOGPの設定

Xの場合は、専用の設定項目があります。これらの設定には、meta要素のname属性を使用します。

●記述例(標準サイズのイメージ画像のカード)

```
<meta name="twitter:card" content="summary">
```

name属性で設定できる主な項目は、次のとおりです。

項目(name属性)	内容(content属性)
twitter:card	表示カードの種類 例:標準サイズのイメージ画像 summary 　　大きいサイズのイメージ画像 summary_large_image
twitter:site	XのユーザーID

※2024年7月現在の仕様です。現時点で、項目名にはXの旧名称であるtwitterが使われます。
※このほかにも設定項目はありますが、Webページのタイトルやイメージ画像など、一般的なOGPの項目を設定していれば、重複して設定する必要はありません。

HTMLファイル「index.html」を編集し、次のようにX専用のOGPを設定しましょう。

項目(name属性)	内容(content属性)
twitter:card	summary_large_image
twitter:site	@**********

※XのユーザーIDは架空の内容です。

①コーディングソフトで「index.html」を表示し、次のように入力します。

```
<head>
    <meta charset="utf-8">

    <meta property="og:locale" content="ja_JP">
    <meta name="twitter:card" content="summary_large_image">
    <meta name="twitter:site" content="@**********">
</head>
```

※上書き保存しておきましょう。

※実際にWebサイトを作成するときは、ほかのWebページも編集が必要です。その際には、各内容に応じたOGPの設定をします。
※すべてのファイルを閉じて、ブラウザーとコーディングソフトを終了しておきましょう。

索 引

Index

索引

記号

::after	109
::before	109,130
::first-letter	109
::first-line	109
:checked	112,116
:first-child	121
:first-of-type	121
:last-child	121
:last-of-type	121
:nth-child ()	121
:nth-of-type ()	121

A

align-contentプロパティ	18
align-itemsプロパティ	19

B

background-clipプロパティ	50
background-positionプロパティ	48
background-sizeプロパティ	48
border-bottomプロパティ	138
box-shadowプロパティ	138,141
box-sizingプロパティ	91

C

calc ()	77
calc () の計算式の記述ルール	78
contentプロパティ	109,110
CSSファイルの確認	32
cursorプロパティ	108,155

D

displayプロパティ	11

E

em	74

F

filterプロパティ	65,68,69
filterプロパティとトランジションの組み合わせ	69

filterプロパティのdrop-shadowとbox-shadowプロパティの違い	68
flex-basisプロパティ	21
flex-directionプロパティ	15
flex-wrapプロパティ	22
floatプロパティ	12
font-styleプロパティ	130,131

G

gapプロパティ	20
Googleアナリティクス	7

H

HTMLファイルとCSSファイルの確認	32
HTMLファイルの確認	13,26,32

I

img要素	52
input要素	105,148

J

justify-contentプロパティ	17

L

label要素	105,148

O

object-fitプロパティ	82
OGP (Open Graph Protocol)	9,184
OGPで表示されるイメージ画像のサイズ	186
OGPの概要	184
OGPの設定	185
OGPの宣言	185
opacityプロパティ	60
orderプロパティ	23
overflow-wrapプロパティ	80
overflow-yプロパティ	160
overflowプロパティ	78

P

picture要素	52
picture要素の追加	52

R

rem	74
rgba ()	79
rotate	28

S

scale	29
scroll-behaviorプロパティ	161
scroll-padding-bottomプロパティ	159
scroll-padding-leftプロパティ	159
scroll-padding-rightプロパティ	159
scroll-padding-topプロパティ	159
scroll-paddingプロパティ	159
skew	30
SNS (Social Networking Service)	177
source要素	52

T

transformプロパティ	25
transition-delayプロパティ	31,35
transition-durationプロパティ	31,33
transition-propertyプロパティ	31
transition-timing-functionプロパティ	31,36
transitionプロパティ	31
translate	27
transparent	50

W

Webサイト構築のサイクル	7
Webサイトとソーシャルメディアの連携	177
Webサイトの運用	7
Webサイトの改善	7
Webサイトの改善方針の検討	8
Webサイトのデザインの変化	7
Webサイトのフォルダー構成の確認	39
Webサイトのページ遷移の確認	40
Webページの先頭へ戻るボタン	164

X

X専用のOGPの設定	187

Z

z-indexプロパティ	114

あ

アイテム	12
アイテムの折り返しの設定	22
アイテムの間隔の設定	20
アイテムの基本幅の設定	21
アイテムの配置方向の設定	15
アイテムの表示順序を指定する	23
アクセシビリティ	8,16
アクセシビリティへの配慮	16
アクセス解析ツール	7
アコーディオン型	148
アップルタッチアイコン	175
アップルタッチアイコンの概要	175
アップルタッチアイコンのサイズの指定	176
アップルタッチアイコンの設定	176

い

お

オーバーフロー時の動作の設定	78
お知らせの背景の設定	85
お知らせリストの削除	86

色の変化	33

か

カード型デザインの特徴	72
カードの基本幅の計算	77
カードの作成	75
カードの枚数が増えたときの動き	90
カードの文字数が増えたときの動き	90
開閉できる目次の作成	148
開閉できる目次の特徴	148
開閉の仕組みの作成 (ハンバーガーメニュー)	105
開閉の仕組みの作成 (目次)	149
各ボタンのレイアウトの設定 (ソーシャルメディアボタン)	180
影の設定 (見出し)	140
画像のグラフィック効果の設定	65
画像のスタイルの設定	59
画像の配置 (画像ボタン)	56
画像のはめ込み (カード)	82
過度な動きを設定しない	34
画面幅と画像サイズ	43,51
画面幅に応じたレイアウト	11

き

擬似クラス	121
擬似クラス「:hover」とトランジションの組み合わせ	33
擬似要素	109
共通のレイアウトの設定 (ソーシャルメディアボタン)	179

190

索引

く

クラスとIDの使い分け……………………47

け

結合子……………………………………94

こ

交差軸……………………………………12
後続兄弟結合子…………………………96
子結合子…………………………………95
固定ヘッダーのz-indexの指定…………123
子メニューのスタイルの作成…………101
子メニューの追加………………………98
コンテナ…………………………………12
コンテナ内の配置の設定（縦方向の揃え方）……19
コンテナ内の配置の設定（縦方向の配置）……18
コンテナ内の配置の設定（横方向の配置）……17
コンテンツの開始位置の調整…………123

さ

サイズの変化……………………………34
彩度………………………………………66
三本線の作成…………………………109

し

次兄弟結合子……………………………95
軸の指定…………………………………27
子孫結合子………………………………94
主軸………………………………………12

す

数値の指定………………………………36
スクロールの動作の設定………………161
スクロールバーを常に表示する………160
スタイルの適用対象の変更……………100
スマートデバイス用の画像……………53

せ

設定する内容の確認（アクセス数向上）……173
セピア……………………………………66
狭い画面幅への対応…………63,88,134
セレクタに設定するクラスやIDの名前……58
セレクタの結合子………………………94

そ

ソーシャルメディア……………………177
ソーシャルメディア公式ロゴの使用……177
ソーシャルメディアへのリンクの配置……178
ソーシャルメディアボタンの作成……177

た

タイトルのレイアウト…………………155
高さが変わらない画像の配置…………44
単独の要素………………………………94

ち

チェックボックスの非表示（ハンバーガーメニュー）……106
チェックボックスの非表示（目次）……152
中程度の画面幅への対応………………64

つ

使いやすさの向上………………………8
伝えたい情報の伝達……………………9

て

電話番号の自動認識対策………………132

と

トグル型…………………………………148
トランジション………………31,33,37,69
トランジションの設定…………………62
トランスフォーム…………………25,37
トランスフォームとトランジションの組み合わせ……37
ドロップシャドウ………………………68
ドロップダウンメニュー………………97

な

ナビゲーションメニューの設定………114
ナビゲーションメニューの配置と重なり順の設定……114

は

背景画像の配置…………………………47
背景の表示範囲…………………………50
半透明な色の設定………………………79
ハンバーガーメニュー…………………103
ハンバーガーメニューの概要…………103
ハンバーガーメニューの構成…………103
ハンバーガーメニューを作成する手順……104

ふ

ファビコン……………………………………9,174
ファビコンの概要……………………………174
ファビコンの設定……………………………174
フッター全体の設定…………………………129
フッターの概要………………………………126
フッターの構成………………………………126
プルダウンメニュー……………………………97
プルダウンメニューの概要……………………97
フレックスボックスレイアウト………………11
フレックスボックスレイアウトとfloatプロパティの違い……12
フレックスボックスレイアウトの構造………12
フレックスボックスレイアウトの設定… 14,72,108,129,168
フレックスボックスレイアウトの特徴………11

へ

ヘッダーの固定………………………………122
変化にかかる時間の設定………………………33
変化の開始時間の設定…………………………35
変化の速度の設定………………………………36
編集するWebサイトの概要……………………39
編集するWebページの確認
……………… 41,55,71,93,125,137,147,163

ほ

ボーダーの設定………………………………139
ホーム画面へのアップルタッチアイコンの追加………176
ぼかし……………………………………………67
ボタンの作成（Webページの先頭へ戻る）…………164
ボタンの作成（ハンバーガーメニュー）…………105
ボタンの外枠のデザインの設定
　（Webページの先頭へ戻る）………………166
ボタンの配置（ハンバーガーメニュー）…………107
ボタンの配置と重なり順の設定
　（Webページの先頭へ戻る）………………167
ボタンのマークの作成（Webページの先頭へ戻る）…168
ボタンを押したときの動作の設定
　（ハンバーガーメニュー）………………112,116

ま

マークの作成…………………………………169
マウスでポイントしたときの動作の設定…………84
マウスでポイントしたときの表示の設定…………158
マウスポインターの種類……………………108

み

見出し付き囲み枠の概要……………………142
見出しの作成…………………………………138

見出しのスタイルの設定………………………46
見出しの設定……………………………………45
見出しのデザインの設定（見出し付き囲み枠）………144
見出しの表示位置の設定（見出し付き囲み枠）………145
見出しの役割…………………………………138
見出し要素の作成（見出し付き囲み枠）…………143

め

メニュー項目の表示の調整…………………117

も

目次が閉じている状態の設定………………151
目次が開いている状態の設定………………150
目次項目全体のレイアウト…………………156
目次項目のレイアウト………………………156
目次全体のレイアウト………………………154
目次を閉じる動作の設定……………………153
文字部分に背景画像を表示……………………50
文字列があふれたときの動作の設定…………80

ゆ

ユーザーにアクセスしてもらうための工夫……………9
ユーザビリティ…………………………………8

よ

要素の移動………………………………………27
要素の回転………………………………………28
要素の形をゆがませる…………………………30
要素の固定と画面の高さ……………………123
要素のサイズ変更………………………………29
要素の最大幅の設定……………………………49
要素の透過を変える表現………………………61
要素の幅と高さの計算方法……………………91

り

リストの行頭文字を非表示にする…………152
リセットCSS……………………………………40
リンク先の表示位置の調整…………………159
リンクの設定がわかる画像の表現……………56
隣接兄弟結合子…………………………………95

る

ルートディレクトリ……………………………39

れ

レスポンシブWebデザイン…………55,63,88,134
連絡先部分の設定……………………………130

よくわかる
HTML&CSSコーディング
ユーザーにやさしいWebデザインテクニック
HTML Living Standard 準拠
（FPT2403）

2024年 9 月11日　初版発行

著作／制作：株式会社富士通ラーニングメディア

発行者：佐竹　秀彦

発行所：FOM出版 (株式会社富士通ラーニングメディア)
　　　　〒212-0014　神奈川県川崎市幸区大宮町1番地5　JR川崎タワー
　　　　https://www.fom.fujitsu.com/goods/

印刷／製本：株式会社サンヨー

●本書は、構成・文章・プログラム・画像・データなどのすべてにおいて、著作権法上の保護を受けています。
　本書の一部あるいは全部について、いかなる方法においても複写・複製など、著作権法上で規定された権利を侵害
　する行為を行うことは禁じられています。
●本書に関するご質問は、ホームページまたはメールにてお寄せください。
　＜ホームページ＞
　上記ホームページ内の「FOM出版」から「QAサポート」にアクセスし、「QAフォームのご案内」からQAフォームを
　選択して、必要事項をご記入の上、送信してください。
　＜メール＞
　FOM-shuppan-QA@cs.jp.fujitsu.com
　なお、次の点に関しては、あらかじめご了承ください。
　・ご質問の内容によっては、回答に日数を要する場合があります。
　・本書の範囲を超えるご質問にはお答えできません。　・電話やFAXによるご質問には一切応じておりません。
●本製品に起因してご使用者に直接または間接的損害が生じても、株式会社富士通ラーニングメディアはいかなる
　責任も負わないものとし、一切の賠償などは行わないものとします。
●本書に記載された内容などは、予告なく変更される場合があります。
●落丁・乱丁はお取り替えいたします。

©2024 Fujitsu Learning Media Limited
Printed in Japan
ISBN978-4-86775-115-2